Advances in Anatomy, Embryology and Cell Biology
Ergebnisse der Anatomie und Entwicklungsgeschichte
Revues d'anatomie et de morphologie expérimentale

Vol. 54 · Fasc. 2

Karin Gorgas

Struktur und Innervation des juxtaglomerulären Apparates der Ratte

Structure and Innervation of the Juxtaglomerular Apparatus of the Rat

Mit 28 Abbildungen

Springer-Verlag Berlin Heidelberg New York 1978

Priv.-Doz. Dr. rer. nat. Karin Gorgas, Anatomisches Institut der Universität Köln,
Joseph-Stelzmann-Straße 9, D–5000 Köln 41

Herrn Prof. Dr. R. Ortmann zum 65. Geburtstag gewidmet

ISBN-13: 978-3-540-08615-4 e-ISBN-13: 978-3-642-66876-0
DOI: 10.1007/978-3-642-66876-0

Library of Congress Cataloging in Publication Data. Gorgas, Karin, 1940– Struktur und Innervation des juxtaglomerulären Apparates der Ratte. (Ergebnisse der Anatomie und Entwicklungsgeschichte; 54/2) Bibliography: p. Includes index. 1. Juxtaglomerular apparatus. 2. Juxtaglomerular apparatus-Innervation. 3. Rats-Anatomy. I. Title. II. Series: Advances in anatomy, embryology and cell biology; 54/2. QL801.E67 vol. 54/2 [QL873] 574.4'08s [599'.3233] 77–28601

2121/3321-543210

Inhaltsverzeichnis

Summary

The structure and innervation of the juxtaglomerular apparatus are examined by both light and electron microscopy, using series of semithin and thin sections.

At the vascular pole of the renal corpuscle, granulated and nongranulated epithelioid cells, Goormaghtigh's cells and mesangial cells, as well as adjacent smooth muscle cells, are all connected to each other. Due to their fine structure, their topographical continuity, and the numerous gradual stages of transformation, the different components of the vascular wall are defined as ramified smooth muscle cells (epithelioid cells), which are separated from typical smooth muscle cells of glomerular arterioles. The modified smooth muscle cells show not only numerous cytoplasmic processes, but also many plasmalemmal infoldings. In some areas, these exhibit a spiny differentiation similar to that of coated vesicles. Particles of condensed material resembling basal lamina are often found in the tubular and lamellar indentations of granulated epithelioid cells. The mechanism of release of secretory granules and the mode of secretion via coated vesicles is discussed.

Using exogeneous protein horseradish peroxidase to mark the extracellular space, gap junctions between all types of cells of the vascular wall may be seen. The functional significance of an electrotonically coupled cell group and the role of the epithelioid cells as stretch receptors and pace-maker elements, respectively, is discussed in connection with the autoregulation of the nephron.

The macula densa with typical differentiation of epithelial cells is limited to the area adjacent to the Goormaghtigh's cell group. Epithelial cells of the intermediate type form the periphery. These intermediate type cells and those containing numerous vesicles ("intercalated" cells) characterize contact areas between the convoluted part of the distal tubule and the corresponding nephron's afferent vessel. These contact areas are regularly found independent of the macula densa at the vascular pole. They occur intermittently in proximal parts of the vas afferens according to the course taken by the convoluted portion of the distal tubule. The functional significance of the macula densa is discussed with regard to the renin-angiotensin and kallikrein-kinin systems, respectively.

The distribution and localisation of the adrenergic nerve fibres are analyzed by means of series of semithin sections, using the fluorescence method, combined with various staining techniques. Identical nerve fibres are identified electron microscopically in consecutive serial thin sections, providing direct evidence of the purely adrenergic innervation of the rat's juxtaglomerular apparatus. A common distribution pattern of adrenergic axons is seen at the vascular pole. The vas afferens is surrounded by a dense network of fluorescent bundles of terminal axons. In the hilar region, usually two bundles pass on either side of the vascular axis on the surface of the renal corpuscle to the vas efferens, forming a fine plexus around the arteriole. Particularly in the region of the afferent vessel, small nerve bundles and single fibres branch from the periarteriolar plexus to neighbouring convoluted portions of proximal and distal tubules and to peritubular vessels, to intermediate cells located at the periphery of the macula densa, and to the Bowman's capsule. They usually terminate by forming intensely fluorescent varicosities at the basement membrane of all these structures.

The differentiation of nerve varicosities in the regions of neuroepithelial and neuroendothelial junctions does not differ from that in the neuromuscular effector zones. All varicosities contain not only accumulations of agranular vesicles of varying size, but also small and large granules with a dense core. The number of neurotubules within the fibres running through intervaricose segments and varicosities remains constant. The question of vesicle formation and extravesicular storage of catecholamines is discussed in correlation with the demonstration of true axon endings, terminating at the Goormaghtigh's cells and epithelial cells of the convoluted part of the distal tubule, and their high content of tubular profiles of axoplasmic reticulum.

In the intermediary and juxtamedullary cortical zone, lymph capillaries extend as far as the vascular pole of those renal corpuscles supplied by arterioles branching from a common vessel, which originate from the A. interlobularis. Axon bundles of the periarteriolar plexus approach the endothelium of lymph capillaries and form neuroendothelial junctions. The minimum distance between the plasma membranes ranges from 200 to 250 Å.

The results presented in this paper indicate that the sympathetic nervous system not only directly influences both renin and kallikrein release, but also to a lesser extent has a coordinating effect on the autoregulation of the nephron. These results also suggest that it exercises influence on the lymphatic drainage and thereby on the homeostasis of the single nephron in the region of the juxtaglomerular apparatus.

I. Einleitung

Der juxtaglomeruläre Apparat nimmt in der Diskussion über die intrarenale Regulation des Glomerulusfiltrates, der Glomerulusdurchblutung und der Reninfreisetzung eine zentrale Stellung als komplexer Rezeptor und neuroendokrine Einheit ein. Auf Grund der morphologischen Beziehungen und unter Berücksichtigung funktioneller Aspekte unterscheidet man am juxtaglomerulären Apparat folgende Bestandteile:

1) die prä- und postglomerulären Arteriolen, einschließlich der in der Media gelegenen granulierten und nicht-granulierten epitheloiden Zellen.
2) die Goormaghtighschen Zellen, die im Zwickel zwischen afferenter und efferenter Arteriole ein Zellpolster bilden, und
3) die Macula densa, eine zellreiche Epithelplatte des gewundenen distalen Tubulussegmentes, das dem Gefäßpol unmittelbar anliegt.

Unter den Bauelementen des juxtaglomerulären Apparates haben vor allem die granulierten epitheloiden Zellen in der Wand der afferenten Arteriole besondere Bedeutung erlangt. Nachdem mit immunhistochemischen Methoden der histotopographische Nachweis für Renin in diesen modifizierten glatten Muskelzellen erbracht werden konnte, gelten sie als Bildungsstätte und Speicherdepot von Renin. Obgleich die endgültige Klärung über Modus und Steuerung der Reninsekretion noch aussteht, gilt es heute als weitgehend gesichert, daß neben humoralen Wirkstoffen und intrarenalen Rezeptoren (vaskuläre Rezeptoren und die Macula densa) sympathische Nerven direkt und indirekt in das Regulationsgeschehen der Reninfreisetzung eingreifen (Aoi et al., 1976; Davis u. Freeman, 1976).

Zahlreiche Autoren haben Verteilung und Morphologie der Nerven in der Säugerniere nach Anwendung verschiedener Silberimprägnierungsmethoden untersucht und auf die reiche Innervation der *Nierengefäße*, im besonderen auf das die afferenten Arteriolen eng umspinnende Nervennetz aufmerksam gemacht. Nach Einführung des fluoreszenzmikroskopischen Nachweises von Katecholaminen mit Formaldehyd-induzierter Fluoreszenz und der histochemischen Darstellung von Azetylcholinesterase wurde die Lokalisation adrenerger Nervenfasern auf Grund der spezifischen gelblichgrünen Fluoreszenz im wesentlichen auf Arterien und Arteriolen in der Niere beschränkt und "cholinerge", d. h. Cholinesterase-positive Fasern in ähnlicher Verteilung beschrieben (Müller u. Barajas, 1972; Barajas et al., 1974). Der ersten elektronenmikroskopischen Untersuchung über die Innervation der Glomerulusarteriolen bei Makake und Ratte (Barajas, 1964a, b) folgten zahlreiche weitere, die die reiche Nervenversorgung des Vas afferens und die der anderen muskulären Nierengefäße bestätigten.

Über die Innervation des *Nephrons* und seiner einzelnen Tubulusanteile liegen Angaben lichtmikroskopischer Untersuchungen vor. Nach Anwendung der Formaldehyd-induzierten Fluoreszenzmethode wurde allerdings der Nachweis adrenerger Axone zwischen Tubulusabschnitten im Bereich der glomerulären Arteriolen nur von wenigen Autoren erbracht (Daneo-Sisto u. Muti, 1969; Daneo-Sisto u. Guglielmone, 1971; Müller u. Barajas, 1972; Silverman u. Barajas, 1974).

Elektronenmikroskopisch wurden Kontakte einzelner Axone und Axonbündel an der Basalmembran der Epithelzellen von proximalen und distalen Tubulussegmenten im Bereich des juxtaglomerulären Apparates beschrieben (Hartroft, 1966; Barajas, 1972; Müller u. Barajas, 1972; Barajas u. Müller, 1973; Barajas et al., 1974; Barajas et al., 1976). Es liegen aber auch neuere Studien vor, die diese Tubulusinnervation für unbedeutend halten (Dieterich, 1974).

Beobachtungen über eine Tubulusinnervation *per se* im Bereich des juxtaglomerulären Apparates mit der Darstellung einzelner Axone in basalen Epithelregionen innerhalb der Basalmembran liegen von Zimmermann (1972) an Nachnieren menschlicher Feten vor, die jedoch bisher am Nephron adulter Individuen nicht wiederholt werden konnten.

Auf Grund neuerer Befunde wird vermutet, daß es sich bei den intrarenalen Nervenfasern der Ratte ausschließlich um adrenerge Axone handelt (Barajas et al., 1974; Dieterich, 1974; Barajas u. Wang, 1975). Barajas und Müller (1973) konnten an Hand von Dünnschnittserien durch den Gefäßpol zeigen, daß alle angeschnittenen Axone in ihrem Verlauf die für adrenerge Nervenfasern typischen granulären Vesikel enthalten. Nach Gaben von 6-Hydroxydopamin, das bei entsprechender Dosierung selektiv die sympathischen Nervenendigungen zerstört, fiel die histochemische Darstellung der Azetylcholinesterase im Bereich des juxtaglomerulären Apparates – ebenso wie der fluoreszenzhistochemische Nachweis adrenerger Fasern – praktisch negativ aus. Die elektronenmikroskopische Kontrolle mit der Darstellung degenerierender Axone in der Adventitia der glomerulären Arteriolen lieferte den indirekten Hinweis, daß der juxtaglomeruläre Apparat der Ratte wahrscheinlich nur sympathisch innerviert wird und daß die Axone Azetylcholinesterase enthalten (Barajas u. Wang, 1975).

Ziel der vorliegenden Untersuchung ist, die Anordnung der Nervenfasern und die Lokalisation echter terminaler Axonabschnitte am juxtaglomerulären Apparat der Ratte licht- und elektronenoptisch darzustellen. Die Analyse soll neben der Morphologie von Axonkontakten am Vas afferens und Vas efferens vor allem solche am Tubulusepithel der Macula densa, an Goormaghtighschen Zellen und an der Bowmanschen Kapsel umfassen, sowie an benachbarten distalen und proximalen Tubulussegmenten, Lymphspalten, Lymph- und Blutkapillaren und interstitiellen Zellen. Schnittserien sollen zeigen, ob die Anwendung verschiedener Untersuchungsmethoden (Fluoreszenz- und Elektronenmikroskopie) eine Korrelation im Verteilungsmuster der Nervenfasern erlaubt, die auf die ausschließliche adrenerge Innervation des juxtaglomerulären Apparates hindeutet. Mit Hilfe einer Modifikation der Methode von Hökfelt (1965), der gefriergetrocknetes und mit Formaldehyd bedampftes Material in Araldit einbettete, soll untersucht werden, ob nach der fluoreszenzmikroskopischen Analyse die Identifikation adrenerger Fasern im Elektronenmikroskop an Folgeschnitten den direkten Nachweis der rein sympathischen Innervation des juxtaglomerulären Apparates ermöglicht.

Neben der Darstellung eines einheitlichen Verteilungsprinzips der Nervenfasern am juxtaglomerulären Apparat und des adrenergen Innervationsmodus der glomerulären Arteriolen soll abschließend die Frage nach Vorkommen, Lokalisation und Struktur der Lymphkapillaren am Gefäßpol beantwortet werden. Durch Tracerversuche (Meerrettich-Peroxydase) sollen Fragen zur Morphologie der Goormaghtighschen Zellen und der Art ihrer Membrankontakte studiert werden, die für das Verständnis des juxtaglomerulären Apparates, der Rolle der Nerven bei der intrarenalen Autoregulation und bei der Reninfreisetzung von Bedeutung sind.

II. Material und Methodik

Für die Untersuchung des juxtaglomerulären Apparates standen Nieren adulter Ratten beiderlei Geschlechts zur Verfügung. Zu Vergleichszwecken wurden Nieren von Maus, Meerschweinchen, Nutria und Katze herangezogen.

1. Analyse des juxtaglomerulären Apparates und seiner Innervation nach Gefriertrocknung

a) Fluoreszenzmikroskopie

Ratten, Mäuse und Meerschweinchen wurden in Äthernarkose nach Eröffnung des Thoraxraumes vom linken Ventrikel aus mit einer körperwarmen Macrodexlösung perfundiert (6 % – Macrodex – Fa. Knoll, 40 ml, und anschließend 20 ml mit dem Zusatz von 0,4 mg L – Noradrenalinbitartrat – Fa. Serva). Das Gefäßsystem sollte von Erythrozyten, vor allem aber von Thrombozyten freigespült werden, da die letzteren Serotonin granulär speichern, das bei der Identifikation einzelner adrenerger Axone im Interstitium und an peritubulären Gefäßen stören könnte. Nach Entnahme der Nieren wurden 1/2 mm dicke Gewebescheiben in der Noradrenalin-haltigen Macrodexlösung weiter zerkleinert und dann in mit flüssigem Stickstoff gekühltem Isopentan eingefroren. Die Präparate wurden in der Gefriertrocknungsanlage GT 1 (Fa. Leybold-Heraeus) bei - 85° C für 24 Std. getrocknet und für die fluoreszenzmikroskopische Darstellung der Katecholamine bei 70° C mit trockenem Formaldehydgas für 2 Std. bedampft (Falck u. Owman, 1965). Die Einbettung erfolgte in Paraplast plus (Fa. Shandon) oder in Araldit (Hökfelt, 1965). Um eine bessere Durchdringung zu gewährleisten, wurden die Präparate in Propylenoxyd (2 Std. – Fettextraktion!) und in ein Gemisch von Propylenoxyd/Araldit (1:1, mindestens 12 Std.) überführt und dann erst in Araldit eingebettet. Serien von 10–12 μm dicken Paraffinschnitten wurden am Cryo-Cut (4° C, Fa. American Optical) und solche von 1/2–6 μm dicken Semidünnschnitten am Reichert-Om U 2-Ultramikrotom hergestellt. Die Untersuchung der Schnittserien erfolgte am Zeiss-Fluoreszenzmikroskop (Auflicht) unter Verwendung einer HBO-200 Quecksilberdampflampe, Schott BG 12-Filtern und einem 500 nm-Sperrfilter.

b) Phasenkontrastmikroskopie

In Kombination mit dem fluoreszenzmikroskopischen Nachweis adrenerger Nervenfasern wurden die ungefärbten Schnittserien (Semidünnschnitte) phasenkontrastmikroskopisch analysiert. Auf Grund der geringen Schnittdicke und der Verwendung von Objektiven mit hoher Auflösung (Ölimmersion: 63 x,100 x) konnten die identifizierten Axone an der Gefäßwand und zwischen den Tubulusanteilen exakt lokalisiert werden.

c) Lichtmikroskopie

Nach Entfernung des Immersionsöls wurden in denselben Schnittserien zytologische Einzelheiten mit verschiedenen Färbemethoden dargestellt. Eine Vorbehandlung der Schnitte mit verschiedenen Fixierungsmitteln wurde nicht vorgenommen. Folgende Färbungen wurden getestet und für Semidünnschnitte modifiziert:

1) Methylenblau-Azur II nach Richardson et al. (1960).
2) Kristallviolett nach Bowie, modifiziert nach Wilson (1952).
3) Kristallviolett nach Harada (1975).
4) Phosphorwolframsäure-Hämatoxylin nach Levene und Feng (1964).
5) Paraldehydfuchsin nach Gabe und Aldehydthionin nach Paget (1959).
6) Resorcinfuchsin nach Weigert, modifiziert nach Pearse (1961).

d) Elektronenmikroskopie

Nach der fluoreszenzmikroskopischen Identifikation adrenerger Axone und ihrer exakten Lokalisation im Bereich des juxtaglomerulären Apparates unter phasenkontrastmikroskopischer und lichtoptischer Kontrolle wurden für elektronenoptische Untersuchungen der Axone solche Glomeruli ausgesucht, die in randnahen Arealen der Gewebestücke gelegen sind (Strukturerhaltung!). Von mehreren Glomeruli wurden alternierend je ein 1/2 μm dicker Semidünnschnitt und 4–5 Dünnschnitte angefertigt, die jeweils die gesamte Region des juxtaglomerulären Apparates umfaßten. Die Färbung der Semidünnschnitte erfolgte mit Methylenblau-Azur II. Die Dünnschnitte wurden auf mit Pioloform befilmte Schlitzblenden (1 x 2 mm) aufgezogen und mit Bleizitrat oder mit Uranylazetat/Bleizitrat kontrastiert. Elektronenmikroskopische Aufnahmen: Siemens 101A.

2. Morphologische Untersuchung des juxtaglomerulären Apparates und der Nervenfasern nach Perfusionsfixierung

a) Lichtmikroskopie

Die Ratten (Mäuse, Meerschweinchen, Nutrias und Katzen) wurden in Nembutalnarkose vom linken Herzventrikel aus mit körperwarmer Macrodex- bzw. Periston-Lösung max. 60 sec. durchspült. Die Perfusionsfixierung erfolgte mit einer gekühlten, gepufferten 3- oder 5%-igen Glutaraldehydlösung (0,1 M Phosphatpuffer nach Sörensen, 10–20 min), der Macrodex bzw. PVP (4%, nach Bohman u. Maunsbach, 1970) und in einigen Fällen 0,1–0,5 % Procain zugesetzt wurde. Nach Entnahme der Nieren wurden 1/2 mm dicke Gewebescheiben in 0,1 M Phosphatpuffer (Zusatz von Saccharose, 5 %, 10–60 min) ausgewaschen und in 2- oder 4 %-igem Osmiumtetroxyd nachfixiert (gelöst in 0,1 M Cacodylatpuffer), anschließend erfolgte rasche Entwässerung der Gewebestücke in aufsteigender Alkoholreihe und Einbettung in Araldit. Semidünn- und Dünnschnitte wurden mit dem Reichert-Om U 2-Ultramikrotom hergestellt.

Serien von 0,5–1 μm dicken Semidünnschnitten wurden gefärbt
1) mit Methylenblau-Azur II nach Richardson et al. (1960),
2) mit einer Silbermethylentetraminlösung nach Movat (1961),
3) mit ammoniakalischer Silbernitratlösung nach Singh (1964) und
4) mit Resorcinfuchsin nach Weigert, modifiziert nach Pearse (1961).

b) Elektronenmikroskopie

Serien von Ultradünnschnitten (50–500) wurden mit einem Diamantmesser hergestellt und auf Schlitzblenden (2 x 1 oder 1 x 0,8 mm) aufgezogen, die mit Formvar oder Pioloform befilmt und mit Kohle bedampft worden waren. Die Kontrastierung erfolgte mit Uranylazetat und Bleizitrat.

c) Tracerstudien

Für die Analyse des Polkissens erwies sich der juxtaglomeruläre Apparat der Ratte auf Grund der großen Zahl an Goormaghtighschen Zellen als ungeeignet. Als Untersuchungsobjekt wurde die Maus herangezogen. Zur Darstellung des Interzellularraumes und der Zellverbindungen wurde Meerrettich-Peroxydase als Markierungssubstanz verwendet. In Nembutalnarkose wurde Mäusen 10 mg Meerrettich-Peroxydase (Fa. Fluka, Typ salzfrei-90 Purpurogalin E/mg, gelöst in 0,5 ml physiologischer Kochsalzlösung) langsam in die Vena portae injiziert. 10 min nach der Applikation wurden die Tiere vom linken Ventrikel aus mit 5 %-iger gepufferter Glutaraldehydlösung (0,1 M Cacodylatpuffer, pH 7,3) perfundiert. Nach Entfernung der Nieren wurden dünne, mit der Rasierklinge hergestellte Gewebescheiben in der gleichen Lösung für 2 Std immersionsfixiert und in 0,2 M Tris-HCl-Puffer über Nacht ausgewaschen. Die Gewebestücke wurden zum Nachweis der Peroxydaseaktivität en bloc ins DAB-Inkubationsmedium (nach Graham u. Karnovsky, 1966) überführt (ca. 12 Std bei 4° C). Nach mehrmaligem Auswaschen in destilliertem Wasser wurden die Präparate in 2 %-igem gepuffertem Osmiumtetroxyd (0,1 M Cacodylatpuffer) 2 Std lang nachfixiert, in der aufsteigenden Alkoholreihe entwässert und in Araldit eingebettet. Semidünnschnitte wurden zum Auffinden des juxtaglomerulären Apparates mit Methylenblau-Azur II gefärbt. Die Dünnschnittserien wurden auf mit Pioloform befilmte Schlitzblenden aufgezogen und nur mit Bleizitrat (2–3 min) kontrastiert.

III. Befunde

1. Adrenerge Innervation der Gefäße und des juxtaglomerulären Apparates

A. Gefäßstruktur der Rinde: Arterien, Arteriolen und Kapillaren

Nach ihrer Lokalisation in der Rinde unterscheidet man subkapsuläre, intermediäre und juxtamedulläre Glomeruli. Unter Berücksichtigung der Funktion der einzelnen Nephrone und ihrer Gefäßstruktur kann bei der Ratte eine Unterteilung in kortikale und juxtamedulläre Nierenkörperchen vorgenommen werden. In der subkapsulären und intermediären Rindenzone ziehen von den radiär verlaufenden Aa. interlobulares afferente Arteriolen etagenweise zu den Glomeruli. Ihre Vasa efferentia verzweigen sich an der Nierenoberfläche bzw. an der Markstrahlgrenze in peritubuläre Kapillaren, die im Rindenlabyrinth eng- bzw. in den Markstrahlen weitmaschige Netzwerke bilden. Im juxtamedullären Bereich entspringen die Vasa afferentia oft nicht direkt aus der A. interlobularis, sondern aus der A. arcuata oder A. interlobaris. Die Vasa efferentia der juxtamedullären Nierenkörperchen verzweigen sich in die Vasa recta und versorgen die verschiedenen Zonen im Mark.

In der subkapsulären Region besitzt vermutlich jedes Nephron seinen eigenen Kapillarplexus, der jeweils aus der efferenten Arteriole des zugehörigen Glomerulus gespeist wird. Die efferente Arteriole verzweigt sich in den meisten Fällen nicht sofort, sondern zieht durch das Labyrinth und verästelt sich erst an der Markstrahlgrenze (Lit. s. Fourman u. Moffat, 1971; Kriz et al., 1976). In den tiefen Rindenschichten und in marknahen Bereichen kommt es zu Überlappungen im Versorgungsgebiet der Vasa efferentia und die efferenten Arteriolen verzweigen sich oft schon am Gefäßpol. Intermediäre, vor allem aber juxtamedulläre Glomeruli weisen bei der Ratte häufig eine frühe Aufteilung des Vas efferens auf (Abb. 17), die im Hilusbereich oder innerhalb des Glomerulus liegen kann (Lit. s. Murakami et al., 1971).

B. Fluoreszenzmikroskopische Befunde

Über Verteilung und Verlauf postganglionärer adrenerger Nervenfasern entlang der Nierengefäße der Ratte liegen eine Reihe zusammenfassender fluoreszenzhistochemischer Untersuchungen vor (Lit. s. Nilsson, 1965; Doležel, 1966; Doležel et al., 1976). An Semidünnschnittserien können weitere Befunde erhoben werden, die bisher wenig Beachtung gefunden haben.

Araldit als nicht-fluoreszierendes Einbettungsmittel bietet für fluoreszenzmikroskopische Studien von gefriergetrocknetem und Formaldehyd-bedampftem Material große Vorteile: 1–2 μm dicke Serienschnitte sind einfach anzufertigen, und verschiedene Färbungsmethoden erlauben die Lokalisation fluoreszierender adrenerger Axone und Axonendigungen. Außerdem erlaubt die Methodik die Darstellung identischer Axonendigungen an Folgeschnitten im Elektronenmikroskop.

a) Innervation der Arteria interlobularis

Die radiär durch die Rinde verlaufende A. interlobularis wird von einem dichten Plexus gelblich-grün fluoreszierender Fasern umgeben. Die Axonbündel ziehen unter Bildung von perlschnurartig angeordneten Varikositäten in Längsrichtung des Gefäßes und anastomosieren untereinander mit dünneren, zirkulär verlaufenden Fasern. Die Axonauftreibungen liegen bevorzugt an der Media/Adventitia-Grenze in Nischen zwischen den glatten Muskelzellen, stets den dünnen, netzartig ausgebreiteten autofluoreszierenden Fasern der Elastica externa benachbart. In 5 μm dicken Semidünnschnitten (der Schnittdicke etwa von dünnen Paraffinschnitten entsprechend) ist die exakte Lokalisation der Varikositäten an der Media durch Überstrahlung erschwert. In allen Rindenregionen ziehen von diesen der Media anliegenden Axonbündeln Einzelfasern ins umgebende Bindegewebe (in die sog. paravasale Bindegewebsscheide nach Kriz u. Dieterich, 1970; Dieterich, 1973) und enden an Lymphgefäßen unter Ausbildung von meist 5 -7 perlschnurartig aufgereihten, kleinen, meist runden, intensiv fluoreszierenden Varikositäten.

b) Innervation des Vas afferens

Die präglomerulären Arteriolen besitzen ein sehr viel dichteres Netzwerk fluoreszierender Axone, vor allem in distalen Bereichen, in denen sich eine Elastica interna nicht mehr nachweisen läßt. Entlang des Gefäßes ziehen meist 3–5 Axonbündel, deren zahlreiche und große Varikositäten für die fast kontinuierlich hohe Fluoreszenzintensität im gesamten Faserverlauf verantwortlich sind. Die Zahl der zirkulär verlaufenden und

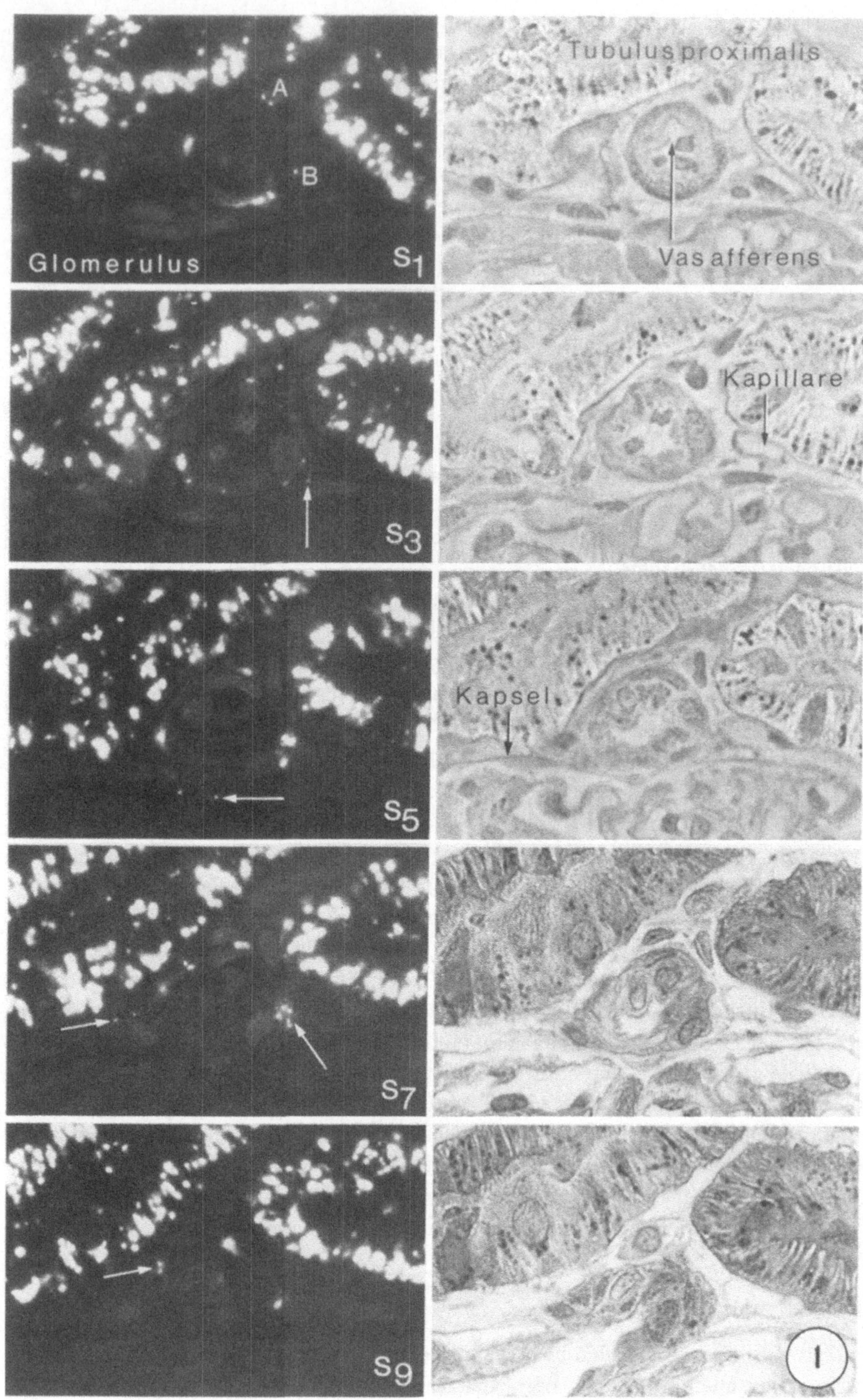

Abb. 1

Abb. 1–3. Semidünnschnittserie (2 µm) durch die Region des juxtaglomerulären Apparates eines subkapsulären Glomerulus. Nachweis der adrenergen Fasern mit der Katecholamin-spezifi-

anastomosierenden Axone nimmt zum Gefäßpol meist deutlich zu. Auf Grund der nur gering ausgebildeten Bindegewebshülle in diesem Gefäßabschnitt haben proximale und distale Tubuluskonvolute (sie gehören zu demselben Nephron) enge räumliche Beziehungen zur Arteriole. Die am Gefäß entlang ziehenden Axonbündel (Abb. 6) erreichen über den sog. "en passage"-Modus (Richardson, 1962) oder durch abzweigende Einzelfasern benachbarte Gefäße (Abb. 1, s 7) und Tubulussegmente. Die Axone enden an der Basalmembran der Tubulusepithelien mit intensiv fluoreszierenden Axonanschwellungen (Abb. 5 und 8, vgl. mit Abb. 7 und 9). Es handelt sich bei diesen Endigungen um echte terminale Abschnitte von Einzelfasern. Ihr Verlauf kann nur an Schnittserien aufgezeigt werden (Abb. 1, 2, 3, 5, 6, 8). Im gesamten Abschnitt des Vas afferens wird bevorzugt die Pars contorta des zum Nephron gehörigen distalen Tubulus mit Einzelfasern versorgt (Abb. 5 und 6, vgl. mit Abb. 7, 9 und 27).

Eine auffallend intensivere Fluoreszenz oder ein besonders dichter Plexus von Nervenfasern um die granulierten epitheloiden Zellen der Arteriolenwand konnten weder bei der Analyse von Vasa afferentia derselben Rindenzone, noch beim Vergleich kortikaler oder juxtamedullärer Gefäße beobachtet werden.

c) Innervation des juxtaglomerulären Apparates und des Vas efferens

Zur Darstellung des allgemeinen Verteilungsmusters adrenerger Nervenfasern am juxtaglomerulären Apparat wurde eine Querschnittserie durch den Gefäßpol eines subkapsulären Glomerulus ausgewählt, dessen zum Nephron gehöriges gewundenes distales Tubulussegment nicht, wie in den meisten Fällen, über den Gefäßpol hinwegzieht (Abb. 17), sondern im Bereich des Hilus nur zur efferenten Arteriole und zum Pol-

---

schen Fluoreszenzmethode (linke Seite) und Darstellung ihrer exakten Lokalisation an korrespondierenden phasenkontrastmikroskopischen Aufnahmen (S_1 - S_3, S_{13}, S_{14} und S_{21}), bzw. lichtoptischen Bildern der identischen Schnitte nach Durchführung verschiedener Färbungen (S_7, S_9 und S_{11} – Aldehydthionin/Methylenblau-Azur II, S_{17} und S_{19} – Kristallviolett/Wilson, S_{23}, S_{25}, S_{27} und S_{29} – Resorcinfuchsin modif.). Die Glomeruli erscheinen als dunkle, runde Areale. Die proximalen Tubulusanschnitte unterscheiden sich auf Grund ihres hohen Gehaltes an autofluoreszierenden Lysosomen deutlich von distalen Tubuluskonvoluten, die nur einige, meist sehr kleine autofluoreszierende Partikel enthalten. Die adrenergen Faserbündel *A* und *B* ziehen vom Vas afferens zum Vas efferens und geben in ihrem Verlauf feine terminale Einzelfasern (*weiße Pfeile*) zur Bowmanschen Kapsel (S_3 und S_{19}), zu benachbarten Kapillaren (S_7), zu anliegenden Tubuli (S_7, S_{25} und S_{29}) und zu peripheren Zellen der Macula densa ab (S_{17}). Achte auf die granulierten epitheloiden Zellen in der Wand der efferenten Arteriole (*JGZ*: *schwarzer Pfeilkopf*, S_{23} und S_{25}). *IZ*: interstitielle Zelle mit autofluoreszierenden Einschlüssen; *TP*: Pars contorta des Tubulus proximalis. X 725

Figs. 1 - 3. Series of semithin sections (2 μm) showing the region of the juxtaglomerular apparatus of a subcapsular glomerulus. Catecholamine fluorescence of adrenergic fibres is demonstrated on the left side. Their exact localization can be proven in corresponding phase contrast micrographs of the same sections on the right side (S_1 - S_3, S_{13}, S_{14} and S_{21}) as well as after staining with different dyes (S_7, S_9 and S_{11} – aldehyde thionine/azure II-methylene blue, S_{17} and S_{19} – crystal violet/Wilson, S_{23}, S_{25}, S_{27} and S_{29} – resorcin-fuchsin modif.). The glomerulus appears as a dark, round area. Proximal convoluted tubules display high content of autofluorescent lysosomes, whereas in distal tubules only a few, very small autofluorescent particles are seen. The adrenergic fibre bundles *A* und *B* run along the vas afferens to the vas efferens. Single branching-off terminal fibres (*white arrows*) travel to Bowman's capsule (S_3 and S_{19}), to adjacent peritubular capillaries (S_7), to neighbouring tubules (S_7, S_{25} and S_{29}) and to peripheral cells of the macula densa (S_{17}). Granulated epitheloid cells occur also in the wall of the efferent arteriole (*JGZ*: *black arrowhead*, S_{23} and S_{25}). *IZ*: interstitial cell with autofluorescent inclusions; *TB*: proximal convoluted tubule. X 725

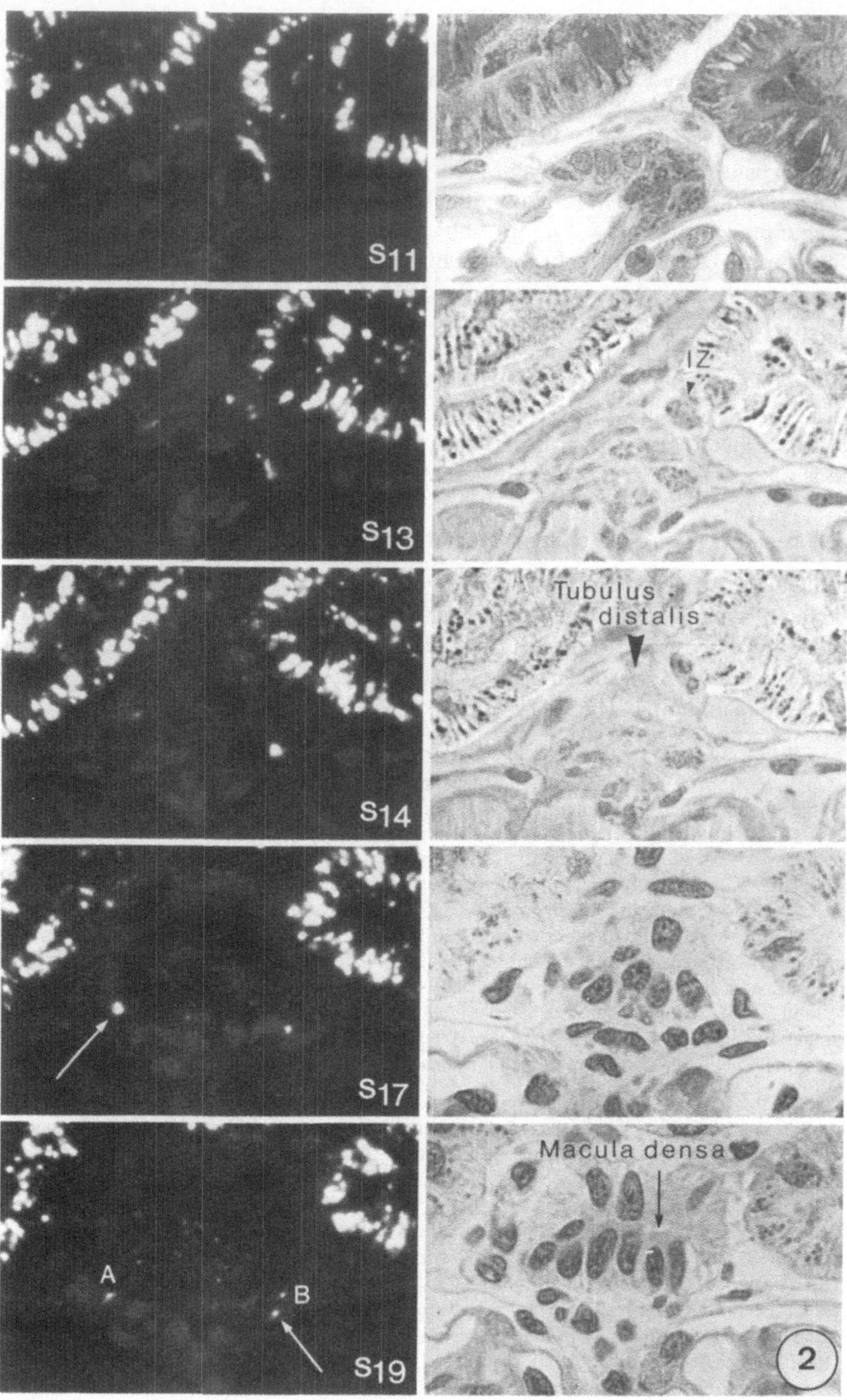

Abb. 2

A
B
Glomerulus
S21
IZ
Tubulus
distalis
Kapsel
V. efferens
S23
JGZ
S25
JGZ
S27
S29
3

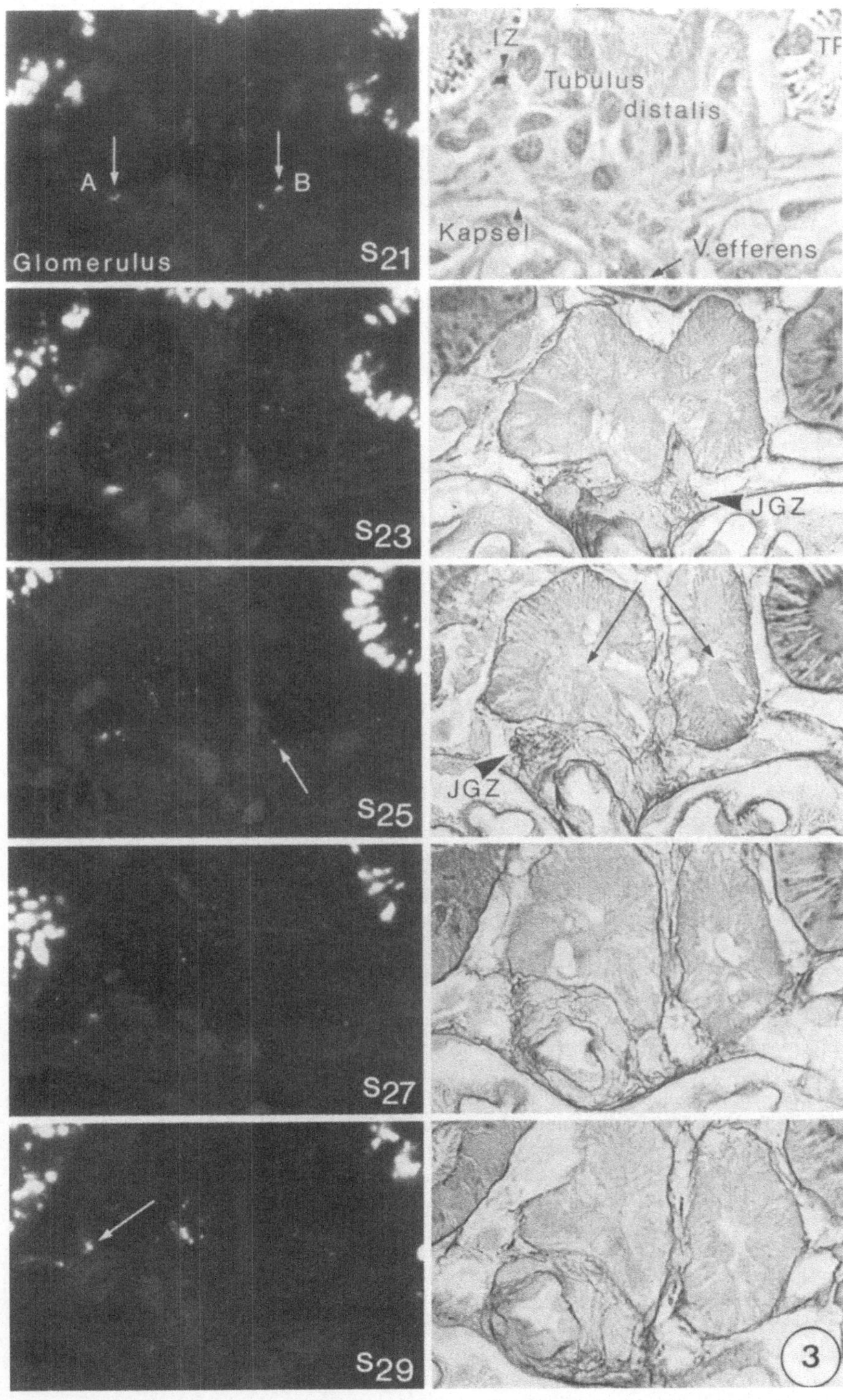

Abb. 3

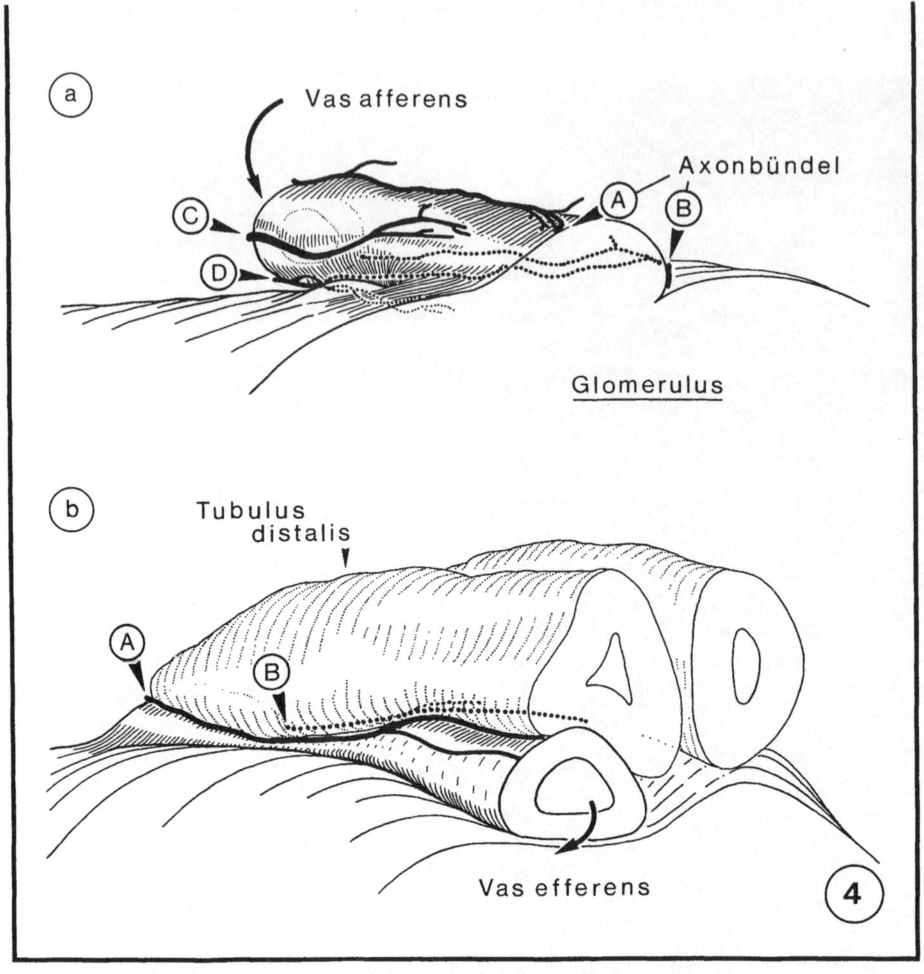

Abb. 4a und b. Halbschematische Rekonstruktion des adrenergen Innervationsmusters am juxtaglomerulären Apparat eines subkapsulären Nierenkörperchens an Hand der in Abb. 1 - 3 dargestellten Schnittserie. (a) umfaßt den Gefäßabschnitt der afferenten Arteriole von S_1 - S_{13} und (b) im wesentlichen das Goormaghtighsche Zellpolster und den Ursprung der efferenten Arteriole von S_{14} - S_{31}. Das anliegende zum Nephron gehörige distale Tubuluskonvolut zieht nicht wie in den meisten Fällen über den Gefäßpol, sondern bildet eine Schlinge (s. Abb. 3, S_{25}, *schwarze Pfeile*), die vor allem zum Goormaghtighschen Zellpolster und zur efferenten Arteriole enge räumliche Beziehungen aufweist. Von den in der Längsachse der afferenten Arteriole verlaufenden adrenergen Fasern ziehen die Axonbündel *A* und *B* beidseits der Gefäßachse zum Vas efferens. Letzteres bildet eine echte Endigung an der Basalmembran des distalen Tubulus epithels (s. Abb. 3, S_{25}, *weißer Pfeil*). Im präglomerulären Bereich erstrecken sich stets adrenerge Endabschnitte (*D*) in den Winkel zwischen Bowmanscher Kapsel und Vas afferens (s. Abb. 1, S_5, *weißer Pfeil*) oder enden (*C*) an granulierten epitheloiden Zellen (s. Abb. 1, S_9, *weißer Pfeil*). X 680

Fig. 4a and b. A semischematic reconstruction of the adrenergic innervation pattern of the juxtaglomerular apparatus based on serial sections presented in Figs. 1 - 3. (a) Includes the portion of the afferent arteriole from S_1 - S_{13}. (b) Essentially the group of Goormaghtigh cells and the origin of the efferent arteriole from S_{14} - S_{31}. The distal tubule belonging to the nephron does not pass over the vascular pole as in most cases, instead it forms a loop (see Fig. 3, S_{25}, *black arrowheads*) which shows only close relation to the group of Goormaghtigh cells and to the efferent arteriole. The adrenergic axon bundles *A* and *B* continue on both sides of the vascular axis and travel to the vas efferens. The bundle *B* terminates at the basement membrane of the distal tubule (see Fig. 3, S_{25}, *white arrow*). In the hilar area, true adrenergic nerve terminals are constantly seen not only extending into the angle between the Bowman's capsule and the vas afferens (*D*, see Fig. 1, S_5,

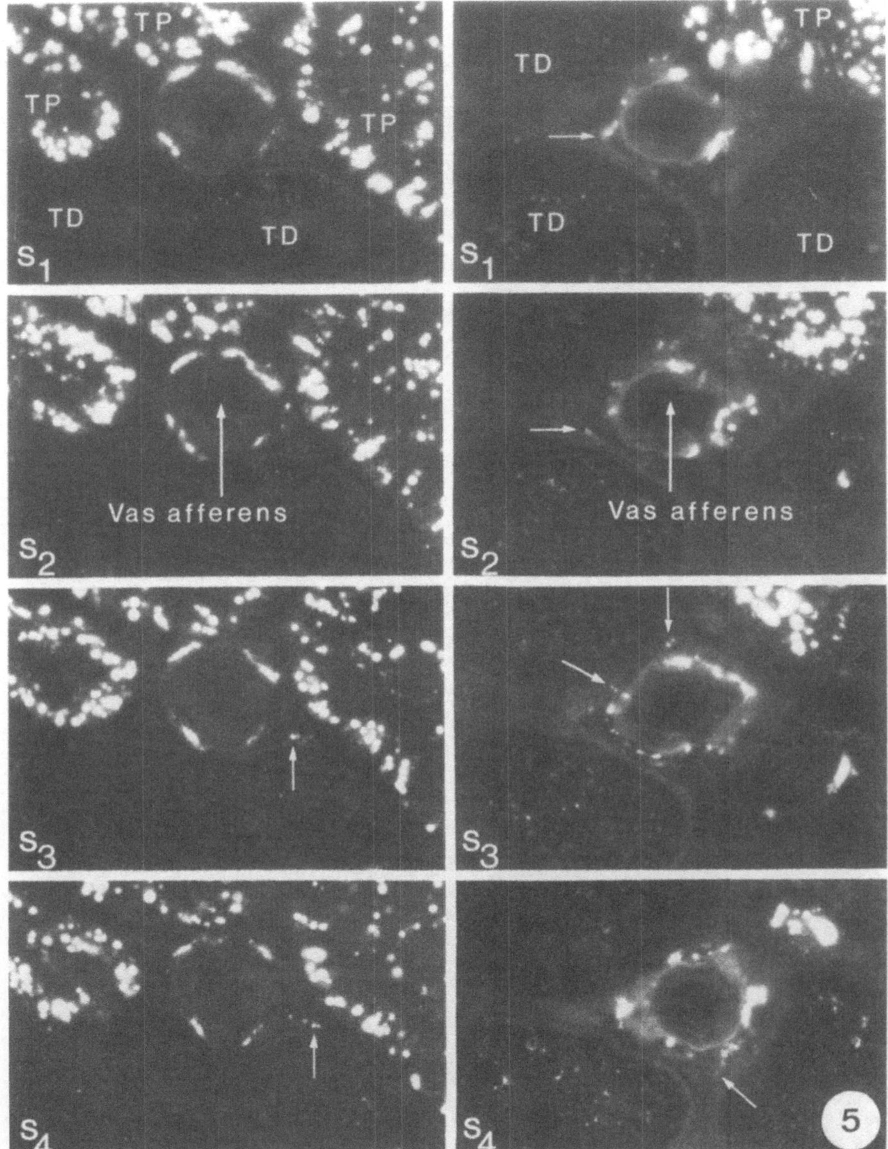

Abb. 5. Nachweis der adrenergen Innervation des distalen Tubuluskonvolutes im Bereich des juxtaglomerulären Apparates an Hand von Semidünnschnittserien (1 1/2 μm). Sowohl in präglomerulären Abschnitten (*linke* Seite) als auch in proximalen Regionen (nahe des Ursprungs aus der A. interlobularis, *rechte* Seite) zweigen vom periarteriolären Plexus der afferenten Arteriole Einzelfasern ab und lagern sich der Basalmembran der Tubulusepithelien an (*weiße Pfeile*). *TP*: Pars contorta des Tubulus proximalis; *TD*: Pars contorta des Tubulus distalis. *Linke* Seite: X 750; *rechte* Seite: X 650

Fig. 5. Series of semithin sections (1,5 μm) showing the adrenergic innervation of convoluted tubules apposed to distal (*left* side) and proximal portions of the afferent arteriole (close to the origin from the interlobular artery – *right* side). Single fluorescent fibres branching off from the perivascular plexus establish close contacts in particular to the basement membrane of distal tubular epithelium (*white arrows*). *TP*: proximal and *TD*: distal convoluted tubule. *Left* side: X 750; *right* side: X 650

---

white arrow), but also in close apposition with granulated epitheloid cells (*C*, see Fig. 1, S_9, *white arrow*). X 680

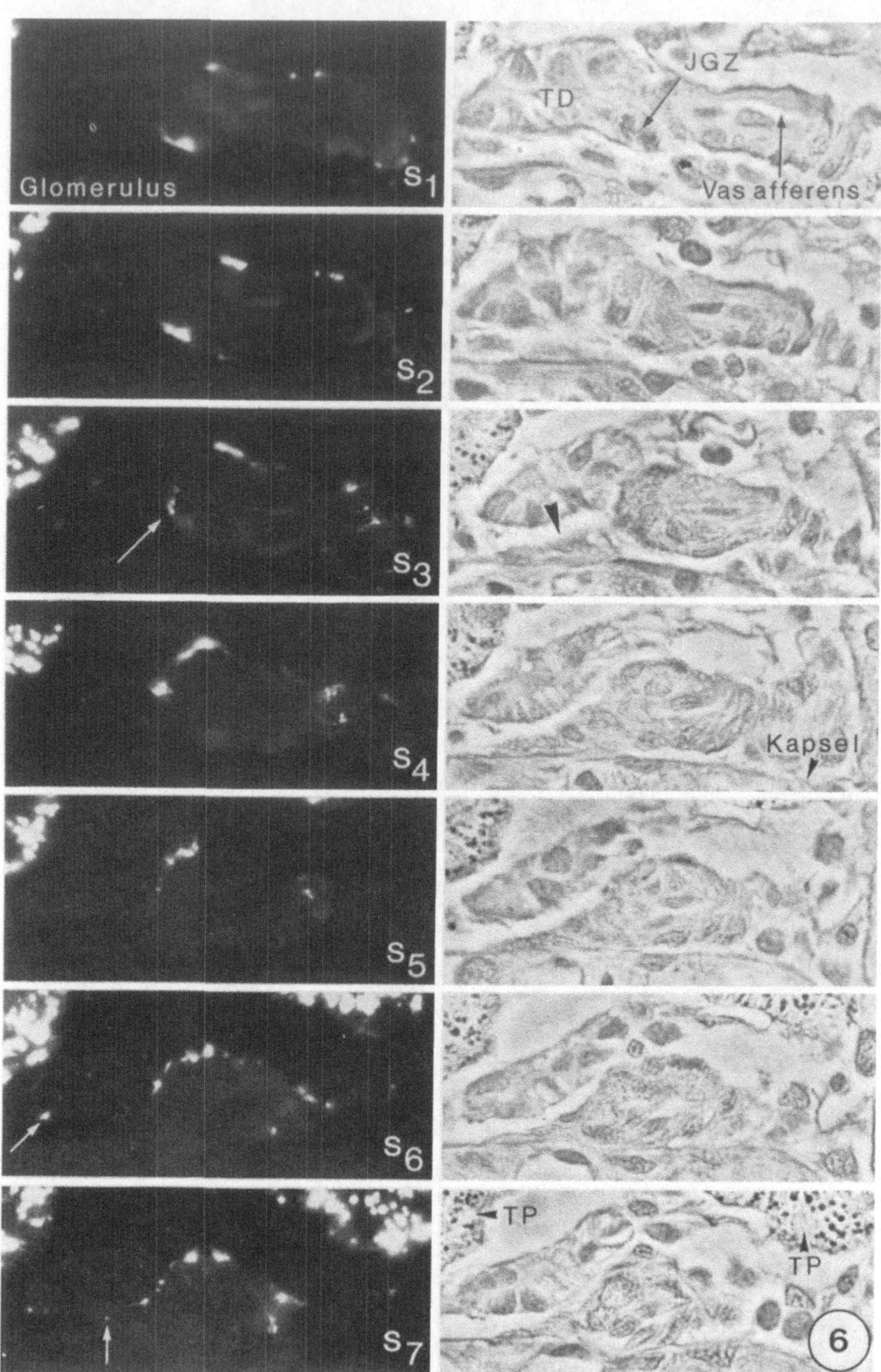

Abb. 6. Darstellung einer Kontaktzone zwischen präglomerulärem Abschnitt der Arteriola afferens und dem anliegenden zum Nephron gehörigen distalen Tubuluskonvolut (Schnittserie – 1 1/2 μm). Im Bereich der Kontaktzone, die keine Verbindung mit der Macula densa aufweist, dringen adrenerge Fasern nicht zwischen die beiden Komponenten (S_1 - S_3, vergleiche mit S_5 - S_7 und den korrespondierenden phasenkontrastmikroskopischen Aufnahmen der identischen Schnitte auf der rechten Sei-

kissen enge räumliche Beziehungen aufweist (Abb. 1–4). Eine Anlagerung an das Vas afferens ist dann stets in proximalen Bereichen, manchmal unmittelbar am Ursprung aus der A. interlobularis, zu beobachten.

Am Gefäßpol lassen sich an der Media des Vas afferens meist noch 3–4 Axonbündel identifizieren, die in leicht schraubiger Verlaufsrichtung und unter Bildung einer letzten zirkulär verlaufenden Anastomose zum Hilus ziehen. Das Axonbündel, das sich im Winkel zwischen Gefäßwand und Glomerulus ausbreitet, verästelt sich und terminale Axonabschnitte können entlang der Bowmanschen Kapsel und in der trichterförmigen Einsenkung zwischen Vas afferens und den dachförmig darüberziehenden Goormaghtighschen Zellen identifiziert werden (Abb. 1 und 4, vgl. mit Abb. 22, 25, 26 – Axon C). Ein weiteres Axonbündel endigt mit deutlich fluoreszierenden Axonanschwellungen an den im Hilusbereich liegenden granulierten epitheloiden Zellen. Zwei, meist dickere Axonbündel orientieren sich in der Längsachse des Gefäßhilus und ziehen beidseits entlang des Polkissens bzw. der Glomerulusoberfläche an der Basis der einen Hälfte der distalen Tubulusschlinge zum Vas efferens (Axonbündel A und B in Abb. 2, 3, 4, vgl. mit Abb. 22, 24). In ihrem Verlauf bilden sie intensiv fluoreszierende Varikositäten und innervieren "en passant" die peripher gelegenen ("intermediären") Zellen der Macula densa und die Goormaghtighschen Zellen. Außerdem geben sie einzelne Axone zur Bowmanschen Kapsel, zum distalen Tubulus und zu benachbarten peritubulären Gefäßen des Nephrons ab. Ein Axonbündel (B, Abb. 3, 4) endet häufig an granulierten epitheloiden Zellen im Hilusbereich des Vas efferens. Die letzteren kommen in der normalen Rattenniere beinahe regelhaft in der Wand der efferenten Arteriole vor, allerdings in nur geringer Zahl (meist 1–3 Zellen), so daß ihr Nachweis nur an Schnittserien erbracht werden kann. Das andere Axonbündel (A, Abb. 3, 4) verzweigt sich und bildet um die efferente Arteriole einen feinen Plexus mit nur kleinen Axonauftreibungen. Fasern dieses Plexus lassen sich manchmal entlang des efferenten Gefäßes durch das Rindenlabyrinth verfolgen.

Adrenerge Fasern konnten weder im Kapillarknäuel des Glomerulus, noch im Epithel der Tubulussegmente bzw. innerhalb der Basalmembran nachgewiesen werden.

Das aufgezeigte Verteilungsmuster fluoreszierender Axone läßt sich an allen kortikalen Glomeruli beobachten. Es ist unabhängig von ihrer Lokalisation in der Rinde und unabhängig von der Lage der Anheftungsstelle des distalen Tubulus an die afferente Arteriole. Der zum Nephron gehörige gewundene Abschnitt des distalen Tubulus bildet unabhängig von der Macula densa stets Kontaktzonen mit dem Vas afferens aus, entweder im Bereich des Gefäßpols oder in einiger Entfernung in proxi-

---

te). Adrenerge Fasern des periarteriolären Plexus innervieren sowohl "en passant" die anliegenden Tubulusanteile als auch über abzweigende Einzelfasern (S_6, *weißer Pfeil*). Die Goormaghtighschen Zellen, die in der Hilusregion eine kragenartige Manschette um die afferente Arteriole bilden (S_3, *schwarzer Pfeilkopf*) werden ebenfalls von solchen Einzelfasern "en passant" erreicht (S_7, *weißer Pfeil*). *TD*: Pars contorta des Tubulus distalis; *JGZ*. juxtaglomeruläre oder granulierte epitheloide Zelle; *TP*: Pars contorta des Tubulus proximalis. X 725

Fig. 6. Series of semithin sections (1,5 μm) showing close apposition between the distal tubule and the corresponding afferent arteriole at some distance from the macula densa. At the contact zone adrenergic fibres do not pass between the two components (S_1 - S_3, compare with S_5 - S_7 and the corresponding phase contrast micrographs of the same sections on the right side). Adjacent tubular segments (S_6 – *white arrow*) as well as Goormaghtigh cells (S_7 – *white arrow*) which form a semicircular collar around the afferent arteriole (S_3 – *black arrowhead*) are reached by single fluorescent fibres. *TP*: proximal; *TD*: distal convoluted tubule; *JGZ*: granulated juxtaglomerular cell. X 725

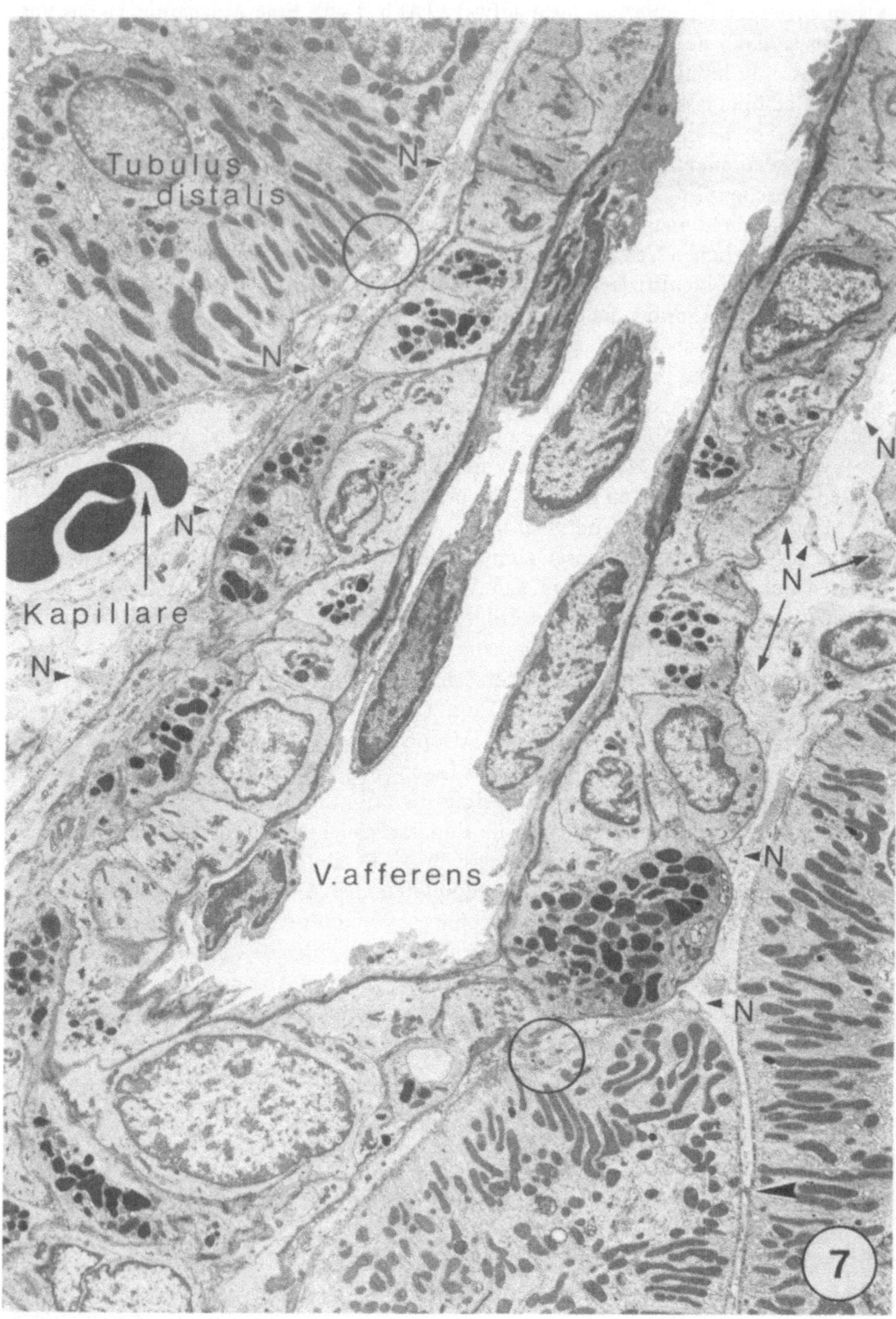

Abb. 7. Präglomerulärer Abschnitt einer Arteriola afferens mit zahlreichen granulierten epitheloiden Zellen. Axonbündel und freie Axone (*N*) des periarteriolären Plexus ziehen an der Gefäßwand entlang und innervieren "en passant" benachbarte Abschnitte des gewundenen distalen Tubulussegmentes und peritubuläre Kapillaren. Echte terminale Einzelfasern lagern sich der Basalmembran der Epithelzellen unter Ausbildung von neuroepithelialen Effektorzonen an (*Kreise*). Zwischen benach-

malen Gefäßabschnitten. Es lassen sich zahlreiche Axonkontakte "en passant" und echte Axonendigungen zwischen Gefäßwand und Basalmembran des Tubulusepithels nachweisen (Abb. 5, 6, 8, vgl. mit Abb. 7). Adrenerge Fasern dringen jedoch nicht zwischen diese Komponenten, wenn die Basalmembranen im Bereich der Kontaktzone verschmolzen sind. Die Macula densa als spezifisch differenzierte Epithelplatte des distalen Tubulus ist auf die Region des Polkissens beschränkt, die sich im Zwickel zwischen der Einmündung des Vas afferens und dem Ursprung des Vas efferens ausbreitet. Die Begrenzung der Macula densa auf dieses enge Areal ist besonders deutlich am Gefäßpol solcher Glomeruli zu erkennen, die durch eine frühe Aufteilung des Vas efferens und eine vergrößerte Hilusregion ausgezeichnet sind (Abb. 17). Die Macula densa wird nur an der Basis und an der Peripherie in Kontakt mit den Goormaghtighschen Zellen von Axonen erreicht (Abb. 2, 3, vgl. mit Abb. 28), die letzteren werden entlang der gesamten Gefäßachse bevorzugt "en passant" innerviert (Abb. 2, 3, 4, 6, vgl. mit Abb. 22).

Die Verteilung und Anordnung fluoreszierender Nervenfasern am juxtaglomerulären Apparat juxtamedullärer Glomeruli ist identisch mit dem beschriebenen Muster am Gefäßpol kortikaler Nierenkörperchen. Die im Hilusbereich von Vas afferens zu Vas efferens verlaufenden etwas dickeren Axonbündel (stets zwei) weisen vor allem im Bereich der efferenten Arteriole eine höhere Fluoreszenzintensität auf. Die Fasern bilden distal des Gefäßpols einen dichten Plexus und ziehen mit intensiv fluoreszierenden Axonanschwellungen entlang der Vasa recta ins Nierenmark.

C. Elektronenmikroskopische Befunde

Nach Darstellung adrenerger Axonbündel und Einzelfasern am juxtaglomerulären Apparat wurde ihre Feinstruktur in Folgeschnitten untersucht, ihre Lokalisation bestimmt und Struktur und Zahl der Axone mit der Intensität ihrer Fluoreszenz korreliert. Obgleich die Strukturerhaltung wegen Eiskristallbildung während des Einfrierens und im Verlauf des Trocknungsverfahrens nicht als optimal gelten kann, ist die Darstellung identischer adrenerger Axone im Elektronenmikroskop möglich (Abb. 9). Außer den im Fluoreszenzmikroskop beobachteten Axonen lassen sich an Hand von kombinierten Semidünn- und Dünnschnittserien auch elektronenmikroskopisch keine nicht-fluoreszierenden Nervenfasern am juxtaglomerulären Apparat nachweisen. Die Axonbündel des periarteriolären Plexus und abzweigende terminale Axone erreichen benachbarte Tubulussegmente (Abb. 9), peritubuläre Gefäße und die Bowmansche Kapsel. Sowohl echte terminale Abschnitte als auch Varikositäten "en passant" nähern sich der Basalmembran, sie dringen aber weder in die Gefäßwand zwischen die glatten Muskelzellen, noch ins Tubulusepithel ein. Der Nachweis der Katecholamin-spezifischen Fluoreszenz in den Axonen korrespondiert nicht mit dem Auftreten von Varikositäten. Auch die Segmente zwischen den Axonanschwellungen, die fast ausschließ-

---

barten Tubulusabschnitten kommt es nicht selten zu punktförmigen Basalmembranverschmelzungen (*Pfeilkopf*). X 4000

Fig. 7. Distal portion of an afferent arteriole with numerous granulated epitheloid cells. Axon bundles and single fibres (*N*) pass along the vascular wall and reach en passant adjacent distal tubules. Free nerve endings establish close contact to the basement membrane of the tubular epithelial cells (*circles*). Between neighbouring tubules, punctate fusion of the basement membranes occasionally occurs (*arrowhead*). X 4000

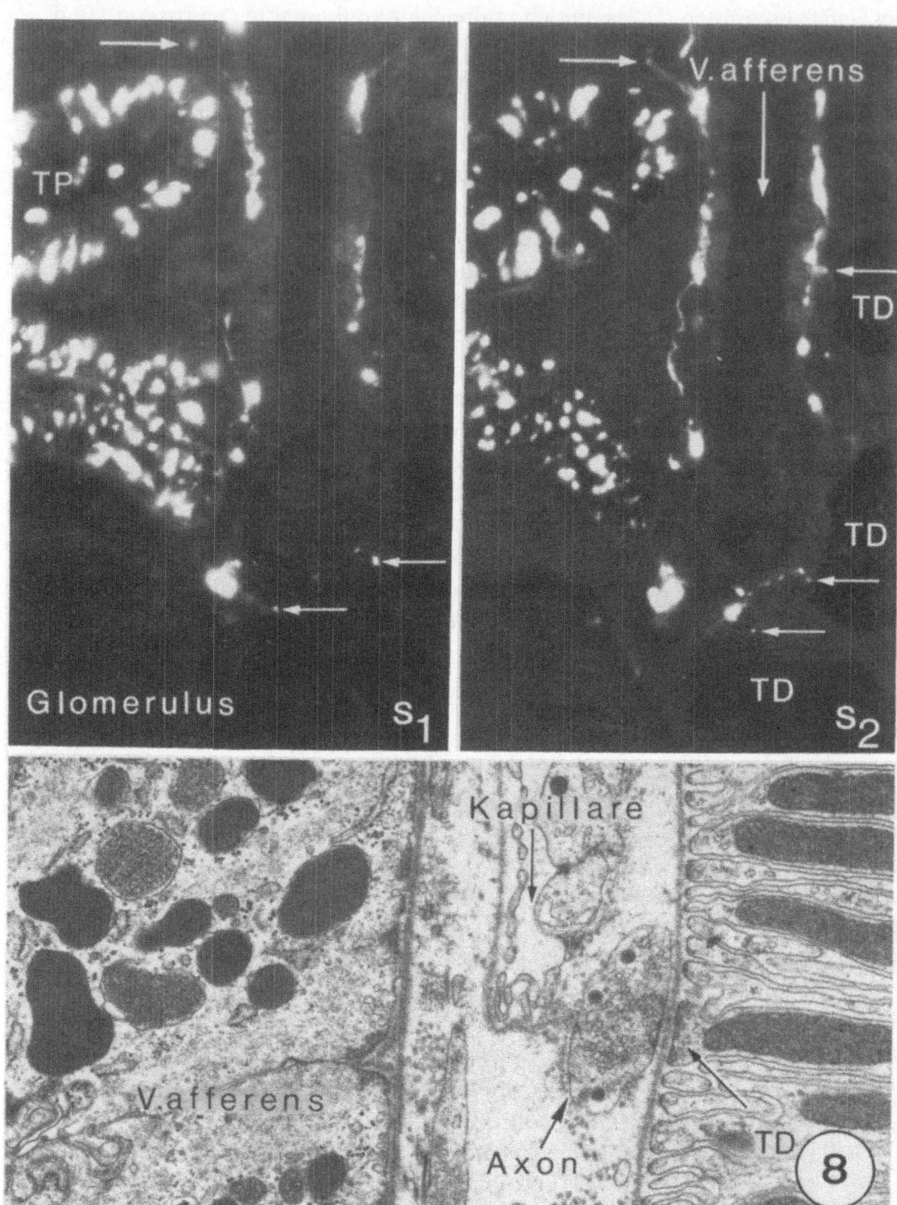

Abb. 8. Fluoreszenzmikroskopische Aufnahmen: Periarteriolärer Nervenplexus im präglomerulären Abschnitt der Arteriola afferens. Von den in der Längsachse des Gefäßes verlaufenden Axonbündeln zweigen freie Einzelfasern ab. Sie ziehen bevorzugt zu benachbarten distalen Tubuluskonvoluten (*TD*) und enden an der Basalmembran (*weiße Pfeile*). Autofluoreszierende Lysosomen sind charakteristische Organellen der Pars contorta des proximalen Tubulus (*TP*) S_1 und S_2, Längsschnitte: 1 1/2 μm. X 800

Elektronenmikroskopische Aufnahme: Eine echte terminale Einzelfaser weist im Neuroeffektorgebiet weder eine Schwannsche Zellumhüllung noch eine Basallaminabgrenzung auf (Ausschnitt aus Abb. 7, *oberer Kreis*). Die Varikosität enthält außer Ansammlungen agranulärer kleiner Vesikel große Granula mit "dense core" und tubuläre Profile des axoplasmatischen Retikulums. Im "postsynaptischen" Bereich kommen im basalen Zytoplasmakompartiment vermehrt Filamente und Vesikel vor

lich Neurotubuli enthalten, zeigen die typische Fluoreszenz, allerdings in geringerer Intensität, je nach Kaliberweite der Axone. Die Darstellung der Zwischensegmente von quergeschnittenen Einzelaxonen ist nur bei höchster Auflösung möglich, da ihr Durchmesser oft nur 100–500 μm beträgt.

2. Feinstruktur des juxtaglomerulären Apparates

Seit den Untersuchungen von Goormaghtigh (1932, 1937), der erstmals unter dem Begriff "l'appareil neuro-myo-artériel juxta-glomérulaire du rein" verschiedene Zellelemente am Gefäßpol des Nierenkörperchens zu einer organhaften Funktionseinheit zusammenfaßte – nämlich epitheloide Zellen der afferenten Arteriole und die später nach ihm benannten agranulären Polkissenzellen zwischen Vas afferens und Vas efferens –, liegen eine Reihe zusammenfassender Darstellungen über die Feinstruktur des juxtaglomerulären Apparates vor (Lit. s. Faarup, 1971; Rouiller u. Orci, 1971; Bucher u. Kaissling, 1973). Die Einbeziehung der Macula densa in diese spezifische Einrichtung geht auf McManus (1942) zurück, der die Bezeichnung "juxtaglomerular complex" wählte.

In der vorliegenden Untersuchung wird der Begriff juxtaglomerulärer Apparat im Sinne Faarups (1971) verwendet und umfaßt neben dem gesamten Gefäßabschnitt der afferenten Arteriole einschließlich der epitheloiden Zellen das Vas efferens, die Goormaghtighschen Zellen und die Macula densa. Als wesentlicher Gesichtspunkt für diese Einteilung gilt das Vorkommen der granulierten epitheloiden Zellen in der Arteriolenwand. Bei der Ratte können sie nicht nur im gesamten Verlauf der afferenten Arteriole bis zum Ursprung aus der A. interlobularis nachgewiesen werden (Faarup, 1965; Hatt, 1967), sondern sie treten auch in der Wand des Vas efferens auf, häufig im Hilusbereich (Lit. s. Barajas u. Latta, 1963; Faarup, 1965, 1971; Daneo-Sisto u. Guglielmone, 1971) und in seltenen Fällen in distalen Abschnitten nahe der Kapillaraufzweigung.

a) Vas afferens und epitheloide Zellen

Die afferente Arteriole weist in proximalen Regionen meist nur eine Lage zirkulär verlaufender glatter Muskelzellen auf, während sie in glomerulusnahen Abschnitten zwei und mehr Schichten besitzt. Sie orientieren sich kontinuierlich von zirkulär-helikaler Anordnung in Längsrichtung des Gefäßes. Durch die Ausbildung zahlreicher langer, fingerförmiger und plattenartiger Ausläufer nehmen die Zellen im Hilusbereich die

---

(*Pfeil*). Der Abstand zwischen Axon und Plasmalemm der Epithelzelle beträgt 800 Å. *TD*: Pars contorta des Tubulus distalis. X 22500

Fig. 8. Fluorescence micrographs: Two consecutive semithin sections (1,5 μm) showing fluorescent axon bundles running along the afferent arteriole. Single branching-off fibres pass with priority to adjacent distal tubules (*TD*) and terminate at the basement membrane (*white arrows*). The autofluorescent lysosomes are characteristic organelles of the proximal convoluted tubule (*TP*). X 800
Electron micrograph: At the neuroepithelial junction the free adrenergic nerve ending shows neither a Schwann cell covering nor a basal lamina (higher magnification of the encircled region in the upper part of Fig. 7). In the "postsynaptic" region numerous filaments and vesicles occur in the enlarged basal cytoplasmic infolding. The distance between axon and plasmalemma of the principal cell measures 800 Å. *TD*: distal convoluted tubule. X 22500

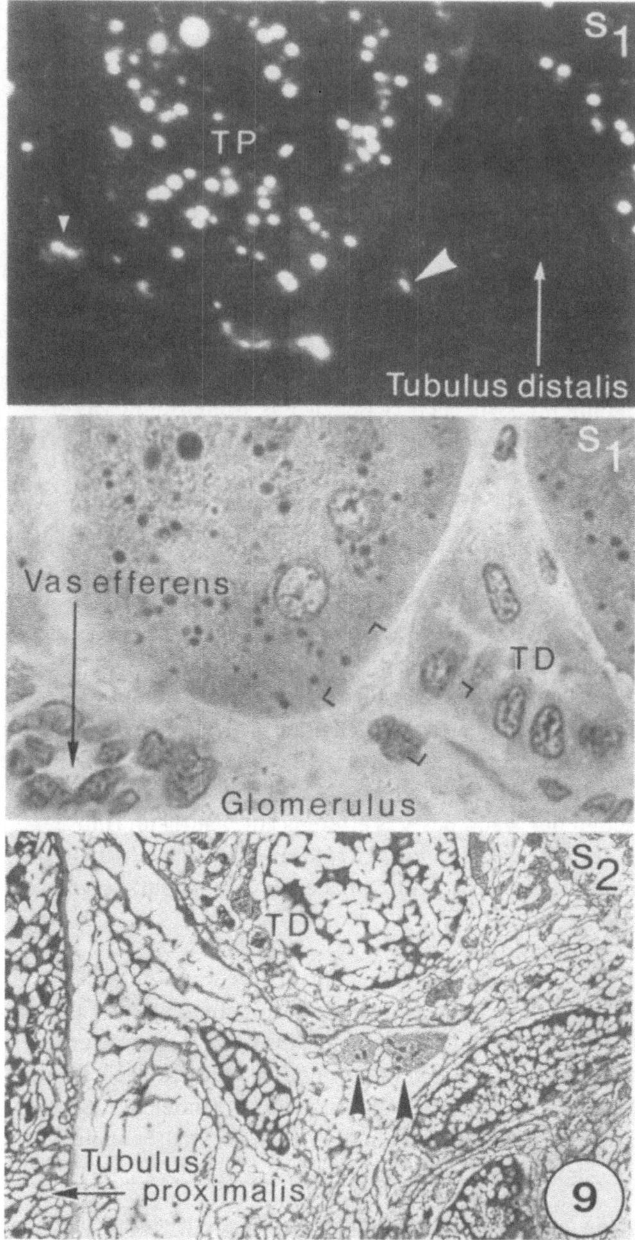

Abb. 9. Direkter Nachweis der adrenergen Innervation des distalen Tubuluskonvolutes im Bereich des juxtaglomerulären Apparates, und Darstellung identischer adrenerger Axone im Fluoreszenz- und Elektronenmikroskop an Folgeschnitten. S_1 : Nachweis der Katecholamine mit der sensitiven Formaldehyd-induzierten Fluoreszenzmethode (achte auf die Autofluoreszenz der Lysosomen in der Pars contorta des proximalen Tubulus-TP). Adrenerge Axone des periarteriolären Plexus lagern sich dem Epithel des distalen Tubuluskonvolutes (*TD*) an (*weiße Pfeilköpfe*). Sie können nach Färbung des identischen Schnittes (1/2 μm – Methylenblau-Azur II) lichtoptisch exakt an der Basalmembran lokalisiert werden. X 1200. S_2 : Folgeschnitt im EM und Ausschnitt aus S_1 : (markierte Region). X 7000

Form von weitverzweigten glatten Muskelzellen an, deren Anordnung außerordentlich komplex erscheint. Die dünne Membrana elastica interna splittert sich in ein Netzwerk feinster elastischer Fasern auf, das kurz vor dem Gefäßpol endet. Die Endothelzellen zeigen in ihrer Ausrichtung im Gefäßverlauf ein den glatten Muskelzellen vergleichbares, analoges Verhalten. Sie nehmen in der Hilusregion länglich-polygonale Form an und weisen zirkuläre Anordnung auf. Ein bis zwei Lagen lamellär differenzierter Zytoplasmaausläufer von Fibrozyten umgeben diskontinuierlich das Vas afferens. Sie breiten sich unter Bildung eines weitmaschigen Netzwerkes zwischen den glatten Muskelzellen und den Tubulusepithelien bzw. peritubulären Kapillaren aus. In diese lockere Bindegewebshülle strahlen dünne Kollagenfibrillen und ein Geflecht von Mikrofibrillen ein.

Charakteristisches Merkmal der Vasa afferentia sind die von Ruyter (1925) erstmals beschriebenen epitheloiden Zellen, die sich auf Grund ihrer Größe und Form, besonders aber durch den Granulagehalt von den übrigen Zellen der Gefäßwand unterscheiden. Sowohl Zahl und Lokalisation als auch die Form der epitheloiden Zellen in der Media der Vasa afferentia unterliegen in den verschiedenen Rindenregionen außerordentlichen Schwankungen. Bei der Ratte findet sich in jedem Glomerulus eine präglomeruläre Gruppe granulierter Zellen, die am Hilus gelegentlich mit in das Kapillarknäuel hineinziehen und dann in der Wand der Stammgefäße der Lobuli liegen. In den äusseren Rindenschichten kommen epitheloide Zellen im gesamten Gefäßabschnitt vor. Sie können an kurz ausgebildeten afferenten Arteriolen häufig bis zum Ursprung nachgewiesen werden. In der juxtamedullären Rindenzone ist die Zahl der epitheloiden Zellen pro Nephron geringer. Die Analyse von Schnittserien im Licht- und Elektronenmikroskop zeigt, daß die Zellpopulation der epitheloiden Zellen im Gefäßabschnitt des Vas afferens alle Übergangsformen von granulierten und nicht-granulierten Zellen als auch von epitheloiden Zellen und glatten Muskelzellen enthält. Vorkommen, Größe und Zahl der Granula, Größe und Form der Zelle und des Zellkerns sind schnittbedingt und haben als Kriterien zur Differenzierung der Zelltypen an Einzelschnitten wenig Gültigkeit. Berücksichtigt man an Serienschnitten zusätzlich Merkmale wie Verteilung und Gehalt der Myofilamente und des endoplasmatischen Retikulums, sowie die Differenzierung und Form der Zellausläufer, so lassen sich nur zwei Erscheinungsformen beschreiben: typische glatte Muskelzellen und die modifizierten, verzweigten glatten Muskelzellen (= epitheloide Zellen). Bei letzteren unterliegt der Granulagehalt grösseren Schwankungen.

Mit ihren Ausläufern haben die epitheloiden Zellen Verbindung jeweils zum Endothel und zu Fibrozyten in der Adventitia, in der Hilusregion auch zur Bowmanschen Kapsel und zu den Goormaghtighschen Zellen und an der Einmündung in den Glomerulus zu den Mesangiumzellen. Selten lassen sich an Einzelschnitten, selbst bei günstiger Schnittführung, alle Kontaktbeziehungen einer Zelle zu den benachbarten Zellelementen aufzeigen, da ihre plumpen Ausläufer zum Gefäßpol hin kontinuierlich an Zahl und Länge zunehmen und in dünnen, spitz zulaufenden Platten oder Zapfen

---

Fig. 9. Direct proof of the adrenergic innervation of the distal tubule (*TD*) in the region of the juxtaglomerular apparatus. Localization of two fluorescent nerve endings (*white arrow*) apposed to the basement membrane of the tubular epithelium can be proven in a corresponding light micrograph of the same section (0.5 μm) stained with azure II – methylene blue and in an electron micrograph of a subsequent thin section. S_2 : higher magnification of marked square in S_1 ; *TP*: proximal convoluted tubule with autofluorescent lysosomes. S_1 : X 1200; S_2 : X 7000

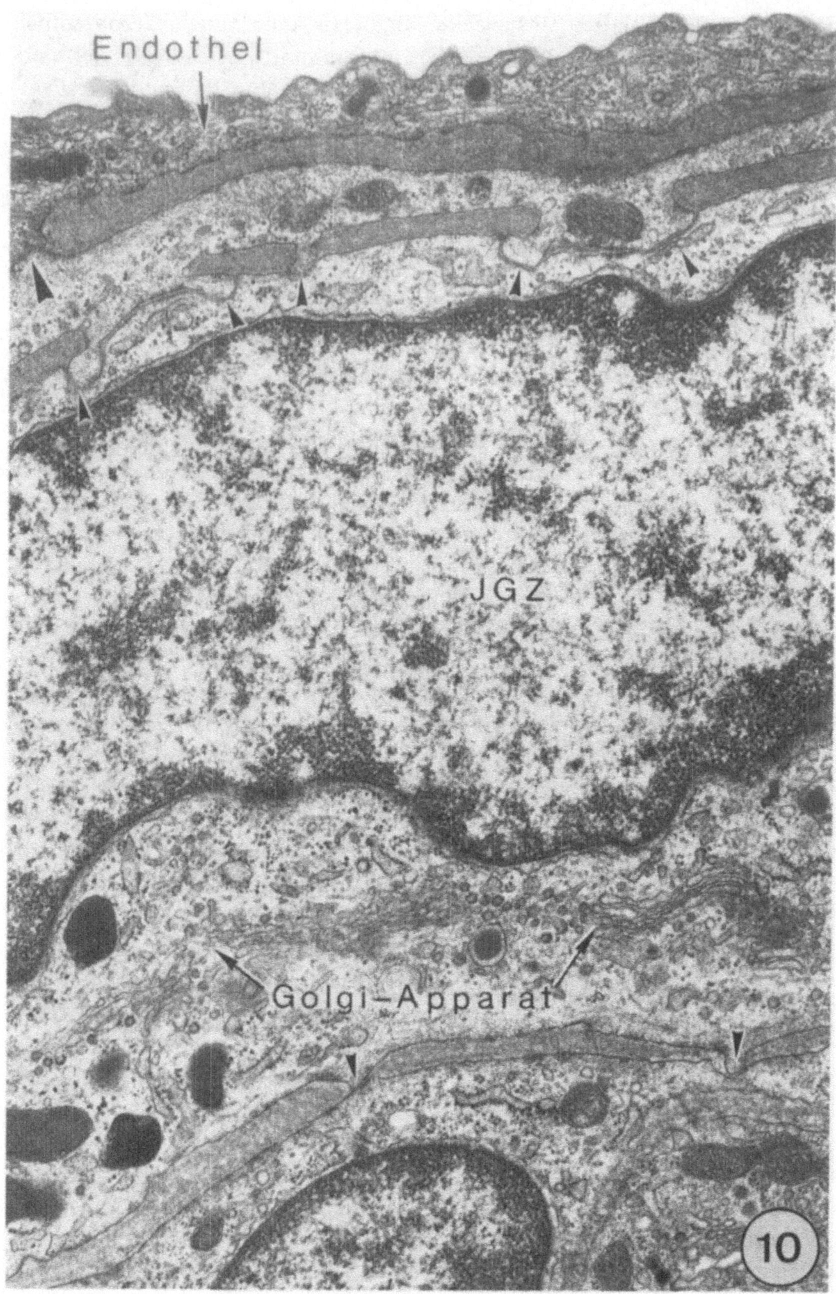

Abb. 10. Am Gefäßpol bilden die epitheloiden Zellen untereinander und mit Endothelzellen vermehrt Kontaktzonen aus, die sich in Ausdehnung und Differenzierung beträchtlich unterscheiden (*Pfeilköpfe*). Häufig senken sich langgestreckte Ausläufer mit zapfen- oder pilzförmigen Protrusionen in das Zytoplasma granulierter epitheloider Zellen (*JGZ*) ein. In unmittelbarer Nachbarschaft des Golgi-Apparates kommen zwischen Vesikeln und Stachelsaumbläschen nicht selten sog. Protogranula mit kristalliner Innenstruktur vor. X 15000

Fig. 10. At the vascular pole the epitheloid cells display numerous intercellular contacts which differ considerably in dimension and differentiation (*arrowheads*). Close to the Golgi apparatus of

enden (Abb. 7, 11, 12, vgl. mit Abb. 14, 16). Mit der Zunahme von Zellausläufern geht die scheinbare Mehrschichtigkeit der Gefäßwand in der Hilusregion einher, die Vergrößerung und Differenzierung der Kontaktflächen, sowie das zahlenmäßige Ansteigen der spezifischen Membranverbindungen. In den Kontaktbereichen sind die Basalmembranen entweder verschmolzen und die Interzellularräume eingeengt, oder die Basallamina ist unterbrochen und die gegenüberliegenden Plasmamembranen benachbarter Zellen nähern sich bis auf einen Spalt von 100–150 Å. In diesen Regionen finden sich vermehrt spezifische Membranhaftstellen, wie "tight" und "gap junctions", vor allem die letzteren in unterschiedlicher Länge und Ausdehnung (Abb. 10 und 12, vgl. mit Abb. 14).

Dieser zunehmend enge Verzahnungsmodus kann auch an den Endothel-Muskelzell-Beziehungen aufgezeigt werden. Im Hilusbereich durchbrechen vermehrt fingerförmige Zytoplasmafortsätze der Endothelzellen die Basallamina und bilden mit verzweigten glatten Muskelzellen Kontaktzonen unterschiedlicher Form und Spezialisierung. Zwischen einfachen Plasmalemmanlagerungen ohne spezifische Membranverbindungen und pilzförmigen Zapfen, die sich unter Ausbildung von "gap junctions" ins Zytoplasma der epitheloiden Zellen einsenken, sind alle Übergangsformen zu finden (Abb. 10).

Die epitheloiden Zellen enthalten im Perikaryon neben einem gut entwickelten, meist granulär differenzierten endoplasmatischen Retikulum (ER) Ansammlungen von kleinen, länglichen Mitochondrien, zahlreiche Ribosomen, Stachelsäumbläschen und Glykogenpartikel. Im Innenraum der plattenförmig und tubulär organisierten Zisternen des rauhen ER findet man häufig ein feingranuläres Material mittlerer Elektronendichte (Abb. 10). Tubuläre Profile des glatten ER bilden die Verbindung mit dilatierten Räumen des hoch entfalteten Golgi-Apparates, die meist sog. Protogranula (Barajas u. Latta, 1965 Barajas, 1966) enthalten (Abb. 10). Die rundlich bis rhomboiden Einschlüsse unterscheiden sich in Größe (80–300 mμ) und Lokalisation deutlich von den spezifischen Sekretgranula, deren Durchmesser 500 mμ–1,2 μm beträgt und deren Verteilung im Zytoplasma, ebenso wie ihre Form, außerordentlich von Zelle zu Zelle variiert. Hinsichtlich der Morphologie und Matrixstruktur der sehr heterogenen Granulapopulation sei auf die eingehenden Untersuchungen von Barajas und Latta (1963), Simpson (1963), Chandra et al. (1965a, b), Barajas (1966), Rouiller und Orci (1971) und de Senarclens et al. (1977) an der Rattenniere hingewiesen.

Neben spezifischen juxtaglomerulären Granula werden unspezifische, lipofuszinähnliche Einschlüsse unterschieden, die man auf Grund ihrer polymorphen Gestalt und sehr heterogenen Innenstruktur in die Gruppe der "residual bodies" einordnet (Lit. s. Biava u. West, 1965, 1966; Hartroft, 1968). Ihre Autofluoreszenz gilt als diagnostisches Merkmal. Trotz hoher struktureller Variabilität der spezifischen Sekretgranula und der elektronenmikroskopischen Darstellung von Lysosomen in allen epitheloiden Zellen konnten im Fluoreszenzmikroskop bei der Analyse zahlreicher Glomeruli verschiedener Individuen nur in seltenen Fällen autofluoreszierende Einschlüsse in granulierten epitheloiden Zellen nachgewiesen werden (Abb. 1, 2, 3).

Im Vergleich zu den typischen glatten Muskelzellen ist der Gehalt an Myofilamenten in den epitheloiden Zellen deutlich geringer. Sie kommen konzentriert an der Zellperipherie und besonders in den Zellausläufern vor. Bei der Analyse von Einzelschnitten variiert ihre Zahl und Verteilung von Zelle zu Zelle außerordentlich und scheint

---

the granulated juxtaglomerular cell (*JGZ*), so-called protogranules with a crystalline dense core quite often occur between vesicles. X 15000

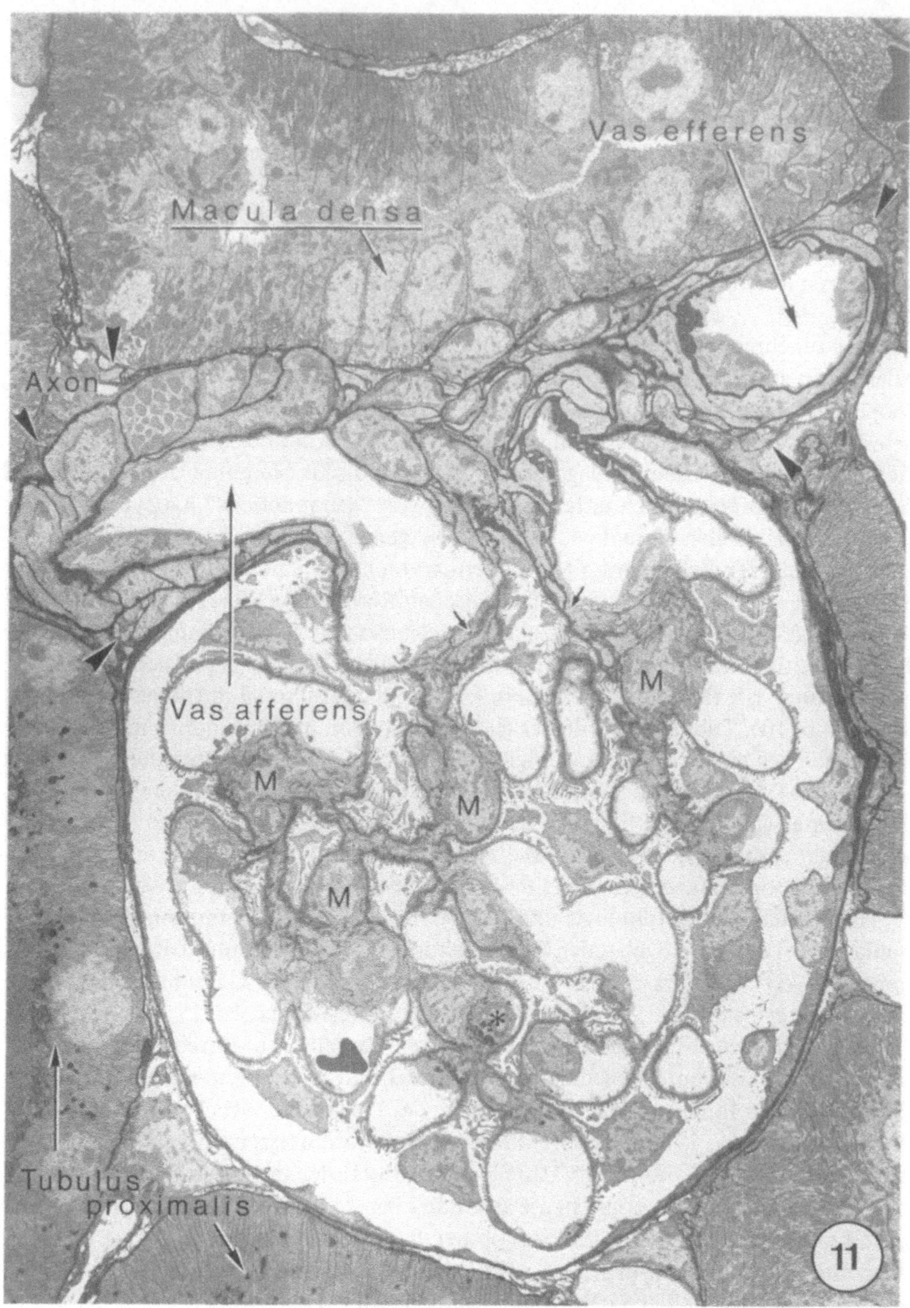

Abb. 11. Übersichtsbild eines subkapsulären Nierenkörperchens mit Darstellung des juxtaglomerulären Apparates nach Markierung der interzellulären und interstitiellen Räume mit Meerrettich-Peroxydase. Die verzweigten glatten Muskelzellen des Vas afferens und des Vas efferens erstrecken sich in die Wandungen der Stammgefäße der Lobuli (*Pfeile*) und gehen kontinuierlich ins Mesangium des Glomerulus über. 10 min nach Applikation des Tracers sind die Mesangialzellen in der Zellpopulation des Glomerulus nicht durch vermehrte Phagozytoseaktivität gekennzeichnet (*Stern*: freie Zellen im Lumen einer Kapillare). Axonbündel (*Pfeilköpfe*) finden sich in typischer Lokalisation im Winkel zwischen distalem Tubulusepithel und Vas afferens bzw. Vas efferens einerseits

von der Granulamenge und der Differenzierung des rauhen ER weitgehend abhängig. Die Untersuchung von Serienschnitten zeigt, daß der Gehalt an Myofilamenten in den epitheloiden Zellen meist kontinuierlich zum Gefäßpol hin abnimmt. Unter Berücksichtigung der Zellvergrößerung bei Zunahme der Granulazahl (funktioneller Status), des Verzweigungsgrades und damit der granulafreien Abschnitte und der Zellausläufer können nur geringe Unterschiede zwischen den Zellen aufgezeigt werden.

Charakteristisches Merkmal der epitheloiden granulierten und nicht-granulierten Zellen ist die deutliche Abnahme der Oberflächenvesikel und die auffallende Vermehrung der Plasmamembraneinfaltungen. Ihre Zahl und Länge nimmt zum Hilus zu. Neben den Zytoplasmaausläufern tragen sie wesentlich zur Oberflächenvergrößerung der Zellen bei. Die plattenartigen oder fingerförmigen, geraden oder gewundenen Membraneinstülpungen ragen häufig bis ins Perikaryon vor. Im Innern der Schläuche, Platten oder kugelförmigen Hohlräume beobachtet man entlang des Plasmalemms feingranuläres Material mittlerer Elektronendichte, das in seiner Struktur dem der Basallamina ähnelt und gelegentlich zu rundlichen Einschlußkörpern aggregiert (Abb. 21). Die Einstülpungen zeigen lokal, vor allem aber in den distalen, kugelförmig erweiterten Endabschnitten ausgedehnte spezifische Plasmalemmverdichtungen, die in ihrer Struktur dem Stachelsaumbesatz von "coated vesicles" ähneln. Elektronendichte, fein ausgezogene, 150–200 Å lange Stacheln bilden an der inneren Zelloberfläche einen Saum. Sie zeigen im Flachschnitt eine hexagonale Ordnung. Im Zentrum eines Hexagons befindet sich häufig ein Zentralfilament von ca. 100 Å Länge. In unmittelbarer Nachbarschaft dieser Membrandifferenzierungen liegen Zisternen des ER, Glykogenpartikel und Mitochondrien, in granulierten epitheloiden Zellen bevorzugt spezifische Sekretgranula und Stachelsaumbläschen (Abb. 21).

Die Analyse an Serienschnitten zeigt alle Übergangsformen zwischen großen, tief eingesenkten Stachelsaumbläschen an der Zelloberfläche und ausgedehnten Stachelsaumplatten in tiefen Plasmalemmeinfaltungen. Im Querschnitt haben die letzteren häufig das Aussehen von multivesikulären Körpern (Abb. 21), sie stehen aber, wie die Serie zeigt, mit dem Interzellularraum in Verbindung. Sie enthalten stets gehäuft rundliche Aggregate des feingranulären Materials. Der Nachweis verschiedener Phasen einer Emiozytose, der Ausschleusung der spezifischen Sekretgranula durch Verschmelzung der Zell- und Granulamembran, konnte auch an Serienschnitten nicht erbracht werden.

b) Goormaghtighsche Zellen

Im Zwickel zwischen den beiden glomerulären Arteriolen, der Bowmanschen Kapsel und dem anliegenden Tubulusabschnitt liegt die von Goormaghtigh (1932) erstmals beschriebene Zellgruppe, die er auf Grund ihrer reichen Innervation und der säulenarti-

---

und zwischen Bowmanscher Kapsel und glomerulären Arteriolen andererseits. Niere: Maus. X 1400

Fig. 11. Subcapsular glomerulus of the mouse at low magnification showing the juxtaglomerular apparatus 10 min after intravenous injection of HRP. The ramified smooth muscle cells of the afferent and efferent arteriole extent into the walls of the main lobular vessels of the glomerular tuft and continue directly into the mesangium (*M*) which is not specifically marked by phagocytotic activity (*star*: free cell in the lumen of a capillary). Axon bundles (*arrowheads*) are found in typical sites, in the corner between the distal tubular epithelium and the vas afferens or vas efferens, and between the Bowman's capsule and the glomerular arterioles; Kidney: mouse. X 1400

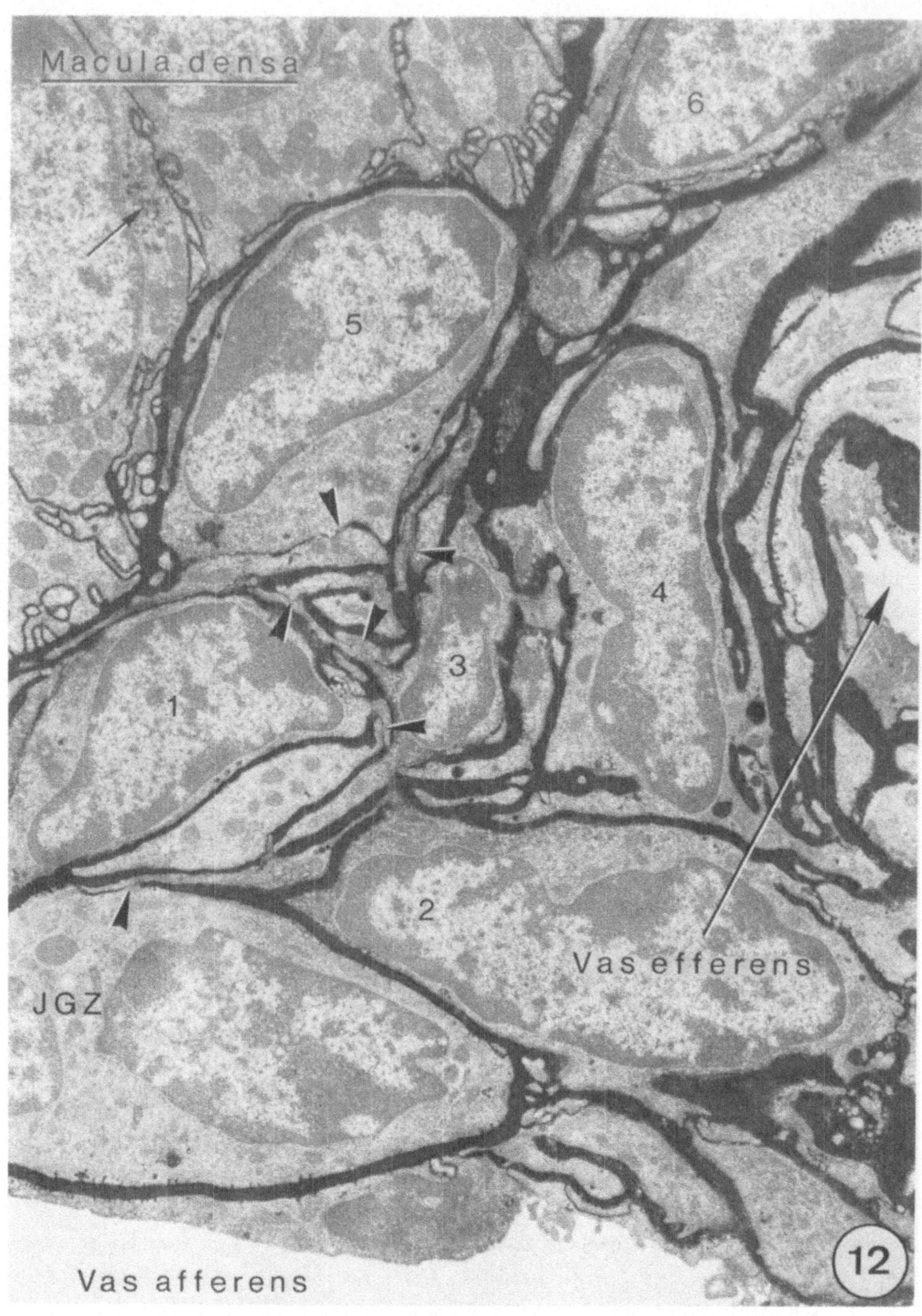

Abb. 12 und 13. Im Goormaghtighschen Zellpolster ist der Verzweigungsgrad der epitheloiden Zellen am höchsten (vgl. die identischen Zellen *2, 3*, und *4* in Abb. 12, 13 und 16). Neben zahlreichen langgestreckten Zytoplasmaausläufern (Abb. 13, *Pfeile*) kommen vermehrt schlauchförmige und plattenartige Plasmalemmeinsenkungen vor, die in Querschnitten nach der Peroxydasemethode häufig Phagozytosevesikel vortäuschen. Auffallend ist die zahlenmäßige Zunahne der Nexus in den eng verzahnten Kontaktzonen (Abb. 12, *Pfeilköpfe*). Charakteristisches Merkmal der Epithelzellen

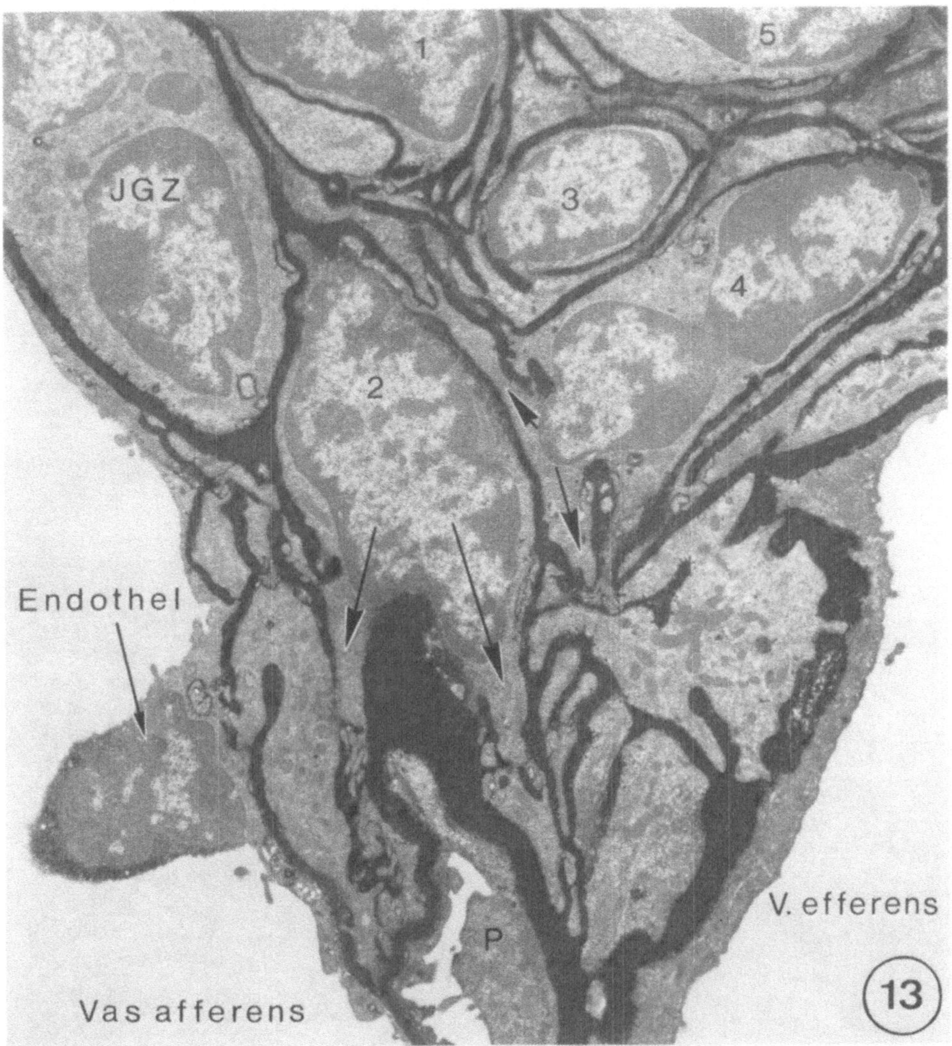

der Macula densa ist das nur gering ausgebildete basale Labyrinth, während die Zahl der Mikrovilli an den lateralen Zellflächen vor allem in basalen Regionen deutlich ansteigt. In unmittelbarer Nachbarschaft des Golgi-Apparates kommen mit Tracer markierte vesikuläre Elemente vor (Abb. 12, *Pfeil*). Achte auf die perlschnurartig aneinandergereihten Oberflächenvesikel am basalen Plasmalemm der tangential angeschnittenen Endothelzellen des Vas efferens (Abb. 12). *JGZ*: juxtaglomeruläre epitheloide Zelle; *P*: Podozyt. Niere: Maus. Abb. 12: Folgeschnitt, X 11500. Abb. 13: Folgeschnitt, X 10500

Figs. 12 and 13. Thin sections following that shown in Fig. 11. The degree of ramification of the epitheloid cells is at its highest in the group of Goormaghtigh cells (compare the identical cells *2, 3*, and *4* in Figs. 12, 13, and 16). Numerous extended cytoplasmic processes (Fig. 13, *arrows*) as well as tubular and lamellar invaginations of the plasmalemma occur. The tubular profiles appear in cross sections, following the peroxidase tracer method, like phagocytotic vesicles. The numerical increase of nexus in the indented intercellular contact zones is striking (Fig. 12, *arrowheads*). The epithelial cells of the macula densa show only a very slight development of the basal labyrinth. Close to the Golgi apparatus, vesicular elements occur which have been marked with the tracer (Fig. 12, *arrow*). The beaded rows of surface vesicles represent a characteristic feature of the basal plasmalemma of the endothelium of the efferent arteriole. *JGZ*: granulated juxtaglomerular cell; *P*: podocyt; Kidney: mouse. X 11500 (Fig. 12); X 10500 (Fig. 13)

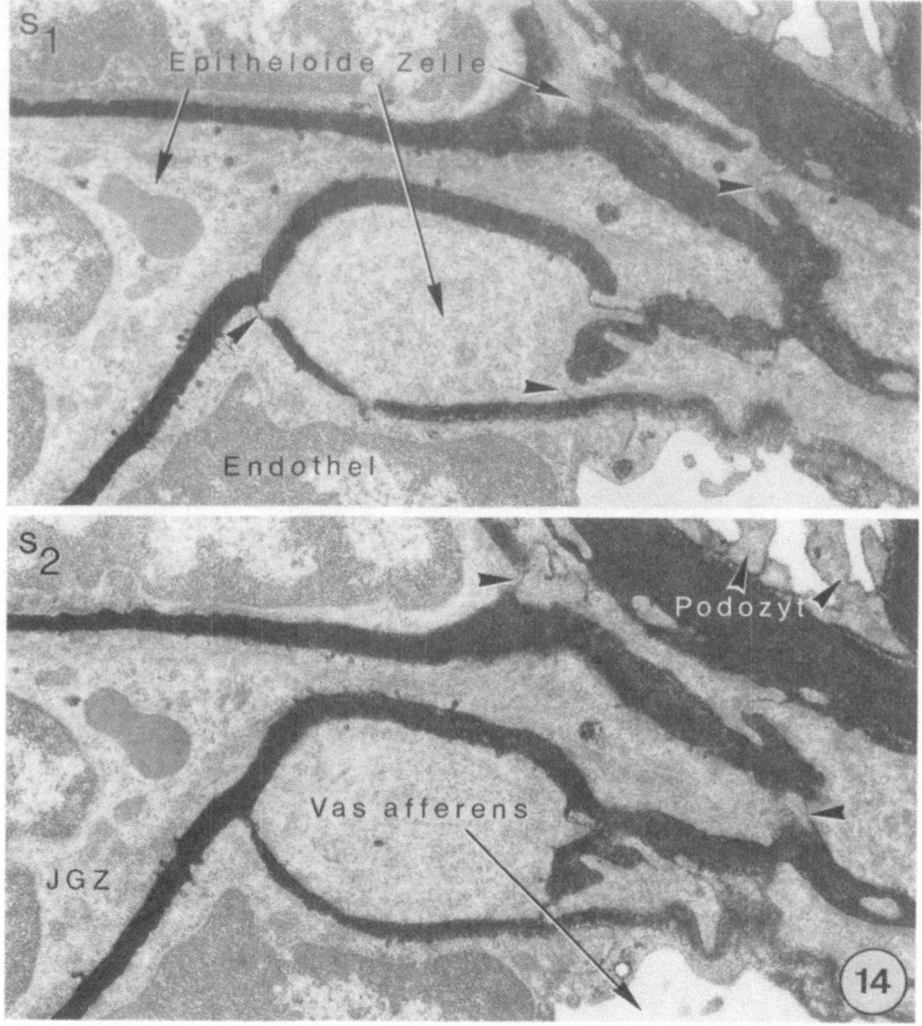

Abb. 14. Darstellung von Nexus unterschiedlicher Ausdehnung (*Pfeilköpfe*) zwischen Endothelzellen, granulierten bzw. nicht-granulierten epitheloiden Zellen und Goormaghtighschen Zellen nach der Peroxydasemethode (Ausschnitt aus Abb. 16, Folgeschnitte). *JGZ*: juxtaglomeruläre epitheloide Zelle. Niere: Maus. X 19500

Fig. 14. Following the peroxidase method, nexus can be seen connecting all cell types of the vascular wall with each other, granulated and nongranulated cells as well as Goormaghtigh cells. S_1 : higher magnification of epitheloid cells shown in Fig. 16; S_2 : subsequent section; *IGZ*: granulated juxtaglomerular cell; kidney: mouse. X 19500

gen Anordnung der Zellelemente in Analogie zu den Meissnerschen Tastkörperchen als "corpuscules nerveux sensitifs" bezeichnete. Weder Funktion und Herkunft, noch Morphologie der neuerdings auch unter dem Begriff extraglomeruläres Mesangium zusammengefaßten Zellformation konnten bisher sicher abgeklärt werden.

Die Analyse von Schnittserien zeigt, daß die Goormaghtighschen Zellen Anteile der Gefäßwand, sowohl des Vas afferens als auch des Vas efferens im Hilusbereich darstellen und ohne klare Abgrenzung fließend in das Mesangium des Glomerulus übergehen (Abb. 11, 16, vgl. mit Abb. 22, 26). Es handelt sich um modifizierte glatte Muskelzellen, die sich am juxtaglomerulären Apparat durch den höchsten Verzweigungsgrad auszeichnen. Über lange und weit verzweigte Zytoplasmaausläufer stellen sie an der Einmündung des Vas afferens nicht nur die Verbindung zwischen den Endothelien der beiden glomerulären Arteriolen her, sondern auch zwischen der Macula densa und dem Mesangium (Abb. 11, vgl. mit Abb. 26). Ihre Ausdehnung ist jedoch nicht auf den kegelförmigen Zwickel zwischen den glomerulären Arteriolen beschränkt, sondern sie bilden an der Glomerulusoberfläche, vor allen in lateralen Regionen der Gefäßachse, eine kragenartige Manschette. Diese Manschette besteht häufig nur aus Zellausläufern, die an der Basalmembran inserieren. An Querschnittserien durch die meist S-förmig gewundene Gefäßachse findet man im Zwickel zwischen Bowmanscher Kapsel und Gefäß je nach Region Ausläufer, deren Zahl und Ausdehnung entlang der Bowmanschen Kapsel variieren. Im Bereich der Einmündung der afferenten Arteriole, an der konvexen Fläche des Gefäßes, teilt sich die Gefäßwand, die inneren "Schichten" gehen kontinuierlich ins Mesangium über, während die äußeren "Schichten" flächenhaft und anfänglich dachartig unter Ausbildung einer trichterförmigen Nische zur Bowmanschen Kapsel ziehen (Abb. 22). Ausläufer von granulierten epitheloiden Zellen, die keine Granula enthalten, sind morphologisch in diesem Bereich an Einzelschnitten nicht von Fortsätzen der Goormaghtighschen Zellen zu unterscheiden (Abb. 22, 12, vgl. Abb. 14).

Bei der Ratte bilden die Goormaghtighschen Zellen mit ihren dünnen fingerförmigen oder plattenartigen Zytoplasmaausläufern ein dichtes, sehr komplexes, labyrinthartiges Netzwerk. Sie werden von einer Basallamina umgeben, die nur in eng verzahnten ausgedehnten Kontaktzonen fehlt. In diesen Bereichen kommen vermehrt spezifische Membranverbindungen vor, in besonders hoher Zahl "gap junctions", die nicht nur den direkten Kontakt zwischen den platten- und fingerförmigen Ausläufern einer Zelle, sondern auch zwischen benachbarten Zellen herstellen. Sie bilden auch die Verbindung zum Endothel und in seltenen Fällen zu Fibroblasten und Epithelzellen der Bowmanschen Kapsel.

Die überaus langgestreckten, sternförmig verzweigten Goormaghtighschen Zellen besitzen neben zahlreichen Ausläufern auffallend viele und tiefe, kammartige Plasmalemmeinfaltungen, die vor allen in ihren meist erweiterten, distalen Regionen die schon erwähnten stachelsaumartigen Membrandifferenzierungen aufweisen (Abb. 26). Die Einstülpungen ragen häufig ins Perikaryon bis in tiefe Kerneinfaltungen vor und liegen dann der Kernmembran unmittelbar an (Abb. 12). Die länglichen Kerne zeichnen sich durch zahlreiche flache und tiefe Einbuchtungen aus. In Anbetracht dieser Merkmale haben wir je nach Schnittebene eine Vielzahl von Zell- und Kernanschnitten im Polkissen zu erwarten, die jedoch, wie die Analyse von Serienschnitten bestätigt, nur zu wenigen Zellindividuen gehören (vgl. Abb. 11 und 12 mit Abb. 16). Die Zellen enthalten einen gut entwickelten Golgi-Apparat, ein hoch differenziertes lamellär und tubulär organisiertes ER, relativ kleine Mitochondrien und Ansammlungen von Glykogen. Vereinzelt kommen Oberflächenvesikel und kleine, spezifische Sekretgranula vor, die letzteren liegen bevorzugt in der Nähe des Golgi-Apparates. Myofilamente beobachtet man an der Zellperipherie, konzentriert vor allem in den Zellfortsätzen.

In die Population des Zellpolsters strahlen von der Peripherie aus allen Richtungen Ausläufer von benachbarten Fibroblasten ein. Sie dringen in das Netzwerk zwischen die engen plattenartigen Nischen in das Basalmembranlabyrinth ein und sind je nach Schnittebene nicht von Fortsätzen der verzweigten glatten Muskelzellen zu unterschei-

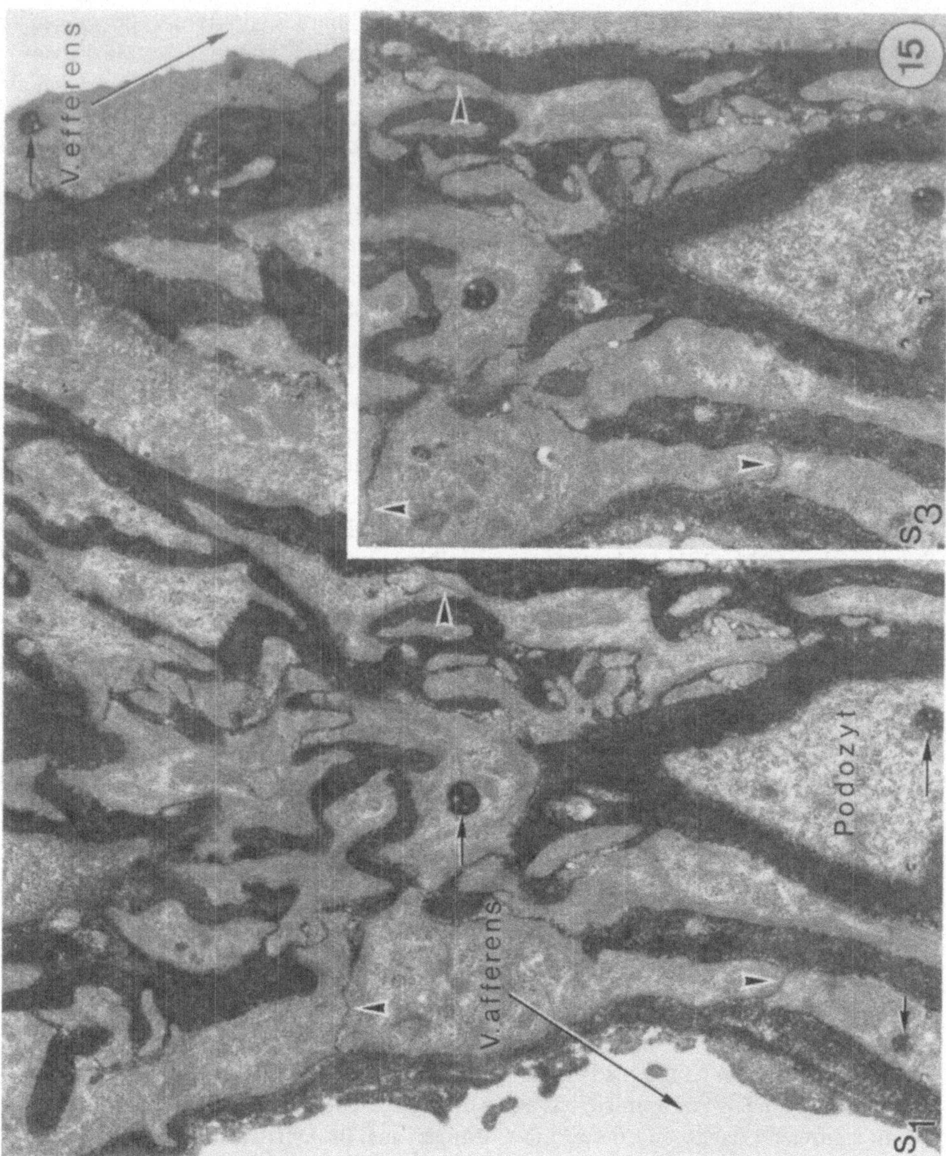

Abb. 15. Übergangszone zwischen Goormaghtighschem Zellpolster und Mesangium. Zahl und Ausdehnung von Nexus (*Pfeilköpfe*) und von Fortsätzen epitheloider Zellen nehmen in diesem Bereich deutlich zu. In den einzelnen Komponenten des Gefäßstiels des Glomerulus sind "multivesicular bodies" (*Pfeile*) nach der Peroxydasemethode in nahezu gleichmäßiger Verteilung leicht zu identifizieren. Niere: Maus. X 19500

Fig. 15. At the level of the glomerular stalk the group of Goormaghtigh cells continues directly into the mesangium. Number and dimension of the nexus (*arrowheads*) as well as the processes of epitheloid cells clearly increase in this region. The various components of the vascular wall contain multivesicular bodies (*arrows*) in almost identical distribution, they are easily identified following the peroxidase method. Kidney: mouse. X 19500

den. Erst die Analyse der Serie ermöglicht die Darstellung der Kontinuität mit dem Perikaryon der Fibrozyten, ihre unvollständige Basalmembranumhüllung und den direkten Kontakt zu freien Axonen (Abb. 26).

Gelegentlich beobachtet man an der Peripherie des Polkissens auch Ausläufer von freien Zellen, wie Makrophagen, Plasmazellen oder Granulozyten, die jedoch auf Grund ihrer Feinstruktur leicht diagnostiziert werden können.

c) Vas efferens

Der Wandbau des Vas efferens ist von der Lokalisation des zugehörigen Glomerulus in der Nierenrinde abhängig. In subkapsulär gelegenen Nierenkörperchen weist die postglomeruläre Arteriole meist nur ein bis zwei Lagen glatter Muskelzellen auf, während sie in marknahen Regionen vor der Aufzweigung in die Vasa recta bis zu vier Schichten besitzt. In der Hilusregion beobachtet man stets verzweigte glatte Muskelzellen, die in kortikalen Nierenkörperchen häufig spezifische Sekretgranula enthalten. Die epitheloiden Zellen gehen kontinuierlich in langgestreckte glatte Muskelzellen über, die sich durch zahlreiche Verdichtungszonen und hohen Gehalt an Myofilamenten und Glykogenpartikeln auszeichnen. Granulierte Zellen kommen, wie schon eingangs erwähnt, auch in einiger Entfernung vom Gefäßpol in der Wand des Vas efferens vor. Sie liegen zwischen Perizyten und unter dem Endothel, das außer zahlreichen, perlschnurartig aneinandergereihten Oberflächenvesikeln keine Besonderheiten aufweist (Abb. 11, 12, 16).

d) Macula densa

Zimmermann (1933) beschrieb als erster unter dem Begriff der Macula densa die Zellplatte, die sich in ihrer Morphologie deutlich von normalen Epithelzellen des distalen Tubulus unterscheidet und bei der Ratte stets in dem Abschnitt des distalen Tubuluskonvoluts differenziert ist, der zwischen geradem, aufsteigendem Schenkel der Henleschen Schleife und Schaltstück in enger räumlicher Beziehung zum Harnpol des zugehörigen Nephrons steht. Die histotopographischen Verhältnisse der Macula densa am Gefäßpol, im besonderen ihre Ausdehnung am Vas afferens und Vas efferens, sind immer noch Objekt der Diskussion (Lit. s. Faarup, 1965, 1971; Barajas, 1971), da ihre Struktur und Abgrenzung nur an Rekonstruktionen von Dünnschnittserien eindeutig abgeklärt werden kann (Barajas, 1971).

Das aufsteigende, distale Tubulussegment verläuft konstant entlang des Vas efferens zum zugehörigen Gefäßpol des Nierenkörperchens, und ebenso konstant begleitet der meist gewundene, größere Schlingen bildende Anteil intermittierend das Vas afferens. Kontaktstellen mit Basalmembranverschmelzungen kommen häufig am Gefäßpol, aber auch in einiger Entfernung von der Hilusregion sowohl im Bereich des Vas afferens (Abb. 27) als auch entlang des Vas efferens vor, die jedoch selten Verbindung mit der Kontaktfläche haben, die zwischen Macula densa und glomerulärer Gefäßachse ausgebildet ist. Die typisch differenzierte Macula densa ist, wie schon erwähnt, auf die Hilusregion bzw. auf das Goormaghtighsche Zellpolster beschränkt (Abb. 11). Je nach Verlaufsrichtung des distalen Tubuluskonvoluts im Bereich der afferenten Arteriole und je nach Länge dieses Gefäßes sind geringe Variationen in ihrer Ausdehnung auf das Vas afferens und auf das Vas efferens zu beobachten (Abb. 17, 26, vgl. mit 11, 12, 16, 28). Die Macula densa ist nur durch eine einfache und kontinuierliche Basalmembran von dem Zellpolster der epitheloiden Zellen getrennt, in das sich granulahaltige Zellausläufer sowohl aus der Gefäßwand des Vas afferens als auch der des Vas efferens erstrecken.

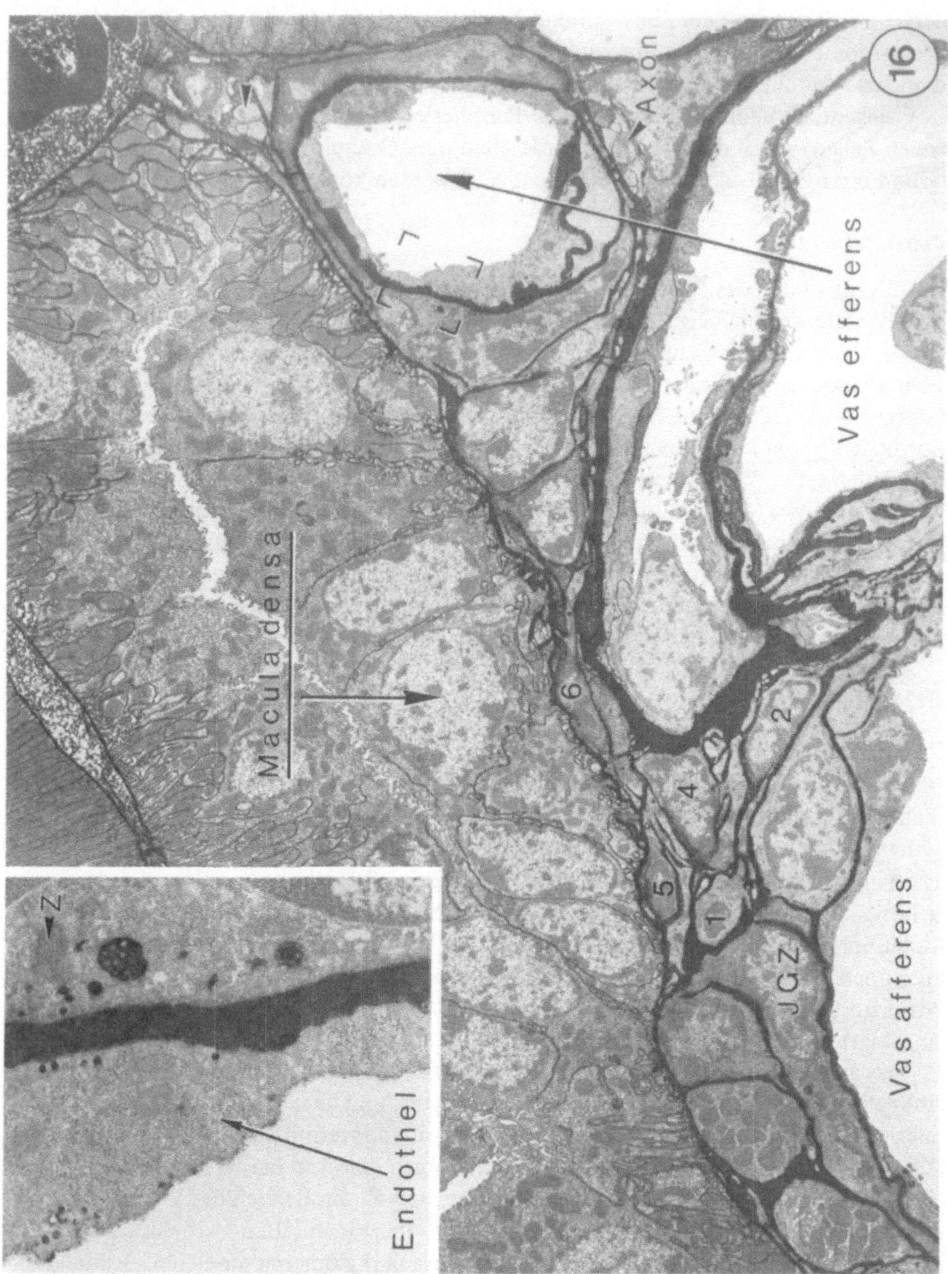

Abb. 16. Darstellung des kontinuierlichen Übergangs zwischen granulierten und nicht-granulierten Zellen, Goormaghtighschen Zellen, Mesangium und glatten Muskelzellen des Vas efferens im Bereich des juxtaglomerulären Apparates. Die "innere" Schicht der afferenten Arteriolenwand setzt sich ins Mesangium fort, während die "äußeren" Lagen periphere Anteile des Goormaghtighschen Zellpolsters darstellen (Folgeschnitt von Abb. 11–13, vgl. die identischen Goormaghtighschen Zellen 1 - 6). Achte auf die typische Lokalisation der Axone am Vas efferens (*Pfeilköpfe*). Charakteristisches Merkmal des Endothels des Vas efferens ist die deutliche Kontrastierung der Glykokalyx mit Meerrettich-Peroxydase (Ausschnitt-X 22500). *JGZ*: juxtaglomeruläre epitheloide Zelle; *Z*: Zentriol. Niere. Maus. X 2300

Die Zellen der Macula densa zeichnen sich durch verschiedene charakteristische Merkmale aus (Lit. s. Bucher u. Kaissling, 1973). Die mehr zylindrischen Zellen besitzen längliche Kerne und bilden auf Grund des im Zwischenraum gering entwickelten Zytoplasmasaumes die für die Macula densa typischen, palisadenartig ausgerichteten Kernreihen. Die Mitochondrien sind nicht säulenförmig geordnet und bevorzugt an der Zellbasis lokalisiert, sondern liegen zwischen tubulären Profilen des rauhen ER und Polyribosomen meist gleichmäßig im Zytoplasma verteilt. Der Golgi-Apparat findet sich nicht supranukleär, sondern am basalen Pol der Zelle oder seitlich neben dem Zellkern. In unmittelbarer Nachbarschaft kommen zahlreiche Vesikel, Stachelsaumbläschen und vereinzelt "multivesicular bodies" vor. Plasmalemmeinfaltungen an der Zellbasis, die in ihrer Gesamtheit das "basale Labyrinth" (Bucher u. Reale, 1961) darstellen, sind unregelmäßig angeordnet und in Zahl und Länge auffallend reduziert. Die Analyse von Serienschnitten zeigt, daß unter Berücksichtigung des Ausbildungsgrades des basalen Labyrinths der Übergang von kubischen Epithelzellen in zylindrische Zellen der Macula densa nicht abrupt, sondern kontinuierlich erfolgt. 1–3 intermediäre Zellen bilden die periphere Begrenzung der eigentlichen Epithelplatte, der die basalen Einfaltungen fast völlig fehlen (Abb. 11, 12, 16). Die typisch differenzierten Zellen besitzen im unteren Drittel an der lateralen Fläche vermehrt Mikrovilli, die zu wesentlicher Oberflächenvergrößerung und Spezialisierung des Zellkontaktes beitragen. An Einzelschnitten können diese ineinander verzahnten, finger- oder plattenförmigen Mikrovilli je nach Schnittebene mit basalen Plasmalemmeinfaltungen verwechselt werden. In der Nähe des Golgi-Apparates kommen häufig Ansammlungen von kleinen, meist rundlichen Granula vor, deren Matrix sehr elektronendicht und meist homogen erscheint. Sie ähneln in ihrer Morphologie primären Lysosomen.

In der Population der intermediären Zellen, die im Bereich des Vas afferens an die Gefäßwand angeheftet sind und meist keine Verbindung zur Macula densa haben, weisen die Mehrzahl die für Schaltzellen ("intercalated cells") beschriebenen charakteristischen Merkmale auf (Lit. s. Griffith et al., 1968; Hagege u. Richet, 1975; Crayen u. Thoenes, 1975). Außer einem nur gering differenzierten basalen Labyrinth und basal gelegenem Kern zeichnen sie sich durch Ansammlungen von Mitochondrien und spezifischer, stachelsaumähnlicher Vesikel vor allem in apikalen Zellabschnitten aus (Abb. 7). Die letzteren besitzen eine Einheitsmembran, an die sich radial ausgerichtet, granuläre Partikel des umgebenden Zytoplasmas in regelmäßigem Abstand anlagern. Sowohl Zahl und Größe der meist optisch leeren Vesikel als auch die Elektronendichte des "surface coat" variiert von Zelle zu Zelle beträchtlich. Sie kommen häufig nicht nur in apikalen Zellbereichen vor, sondern auch an der lateralen Oberfläche und an der Zellbasis. An der gesamten Zelloberfläche sind stachelsaumähnliche Membrandifferenzierungen zu beobachten. Gelegentlich erscheinen die basalen Zytoplasmakompartimente gefüllt mit solchen Vesikeln, zwischen die zahlreiche "dense bodies" unterschiedlicher Größe und

---

Fig. 16. At the level of the hilus continuing transition between granulated and nongranulated cells, Goormaghtigh cells, mesangium and smooth muscle cells of the efferent arteriole can be seen. The "inner" layer of the afferent arteriolar wall continues into the mesangium, while the "outer" layer represents the peripheral portion of the Goormaghtigh's cell group (compare the identical Goormaghtigh cells 1 - 6 shown in Figs. 11–13). Axon bundles are found in typical localization (*arrowheads*). A further characteristic feature of the endothelium of the efferent arteriole represents the clearly marked glykokalyx following the peroxidase method (marked *rectangle*-inset). *JGZ*: granulated juxtaglomerular cell; *Z*: centriol; kidney: mouse. X 2300; inset: X 22500

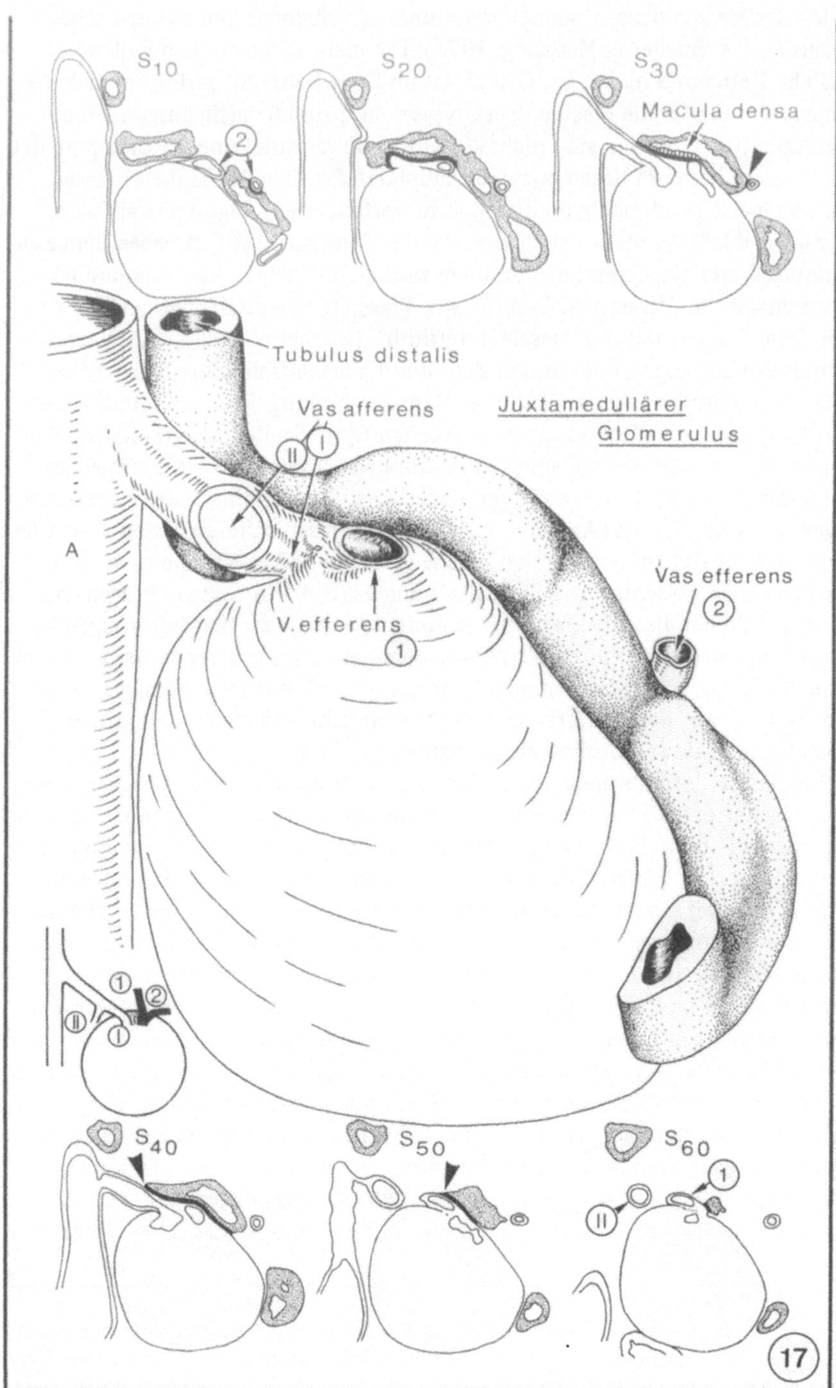

Abb. 17. Rekonstruktion eines juxtamedullären Glomerulus mit anliegendem zum Nephron gehörigen Anteil des distalen Tubuluskonvolutes (Semidünnschnittserie – 3/4 μm, Vergr. X 350). Die halbschematischen Sagittalschnitte (Vergr. X 100) zeigen, daß die Macula densa mit typischer Zelldifferenzierung trotz vergrößerter Hilusregion auf Grund der frühen Aufteilung des Vas efferens (*1* und *2*) nur auf das Goormaghtighsche Zellpolster zwischen Einmündung des Vas afferens und

Form eingestreut sind. Die letzteren ähneln primären Lysosomen. In unmittelbarer Nachbarschaft des meist basal gelegenen Golgi-Apparates liegen "multivesicular bodies" und vereinzelt Lysosomen bzw. Autophagosomen. Am apikalen Zellpol fallen zahlreiche Mikrovilli auf, deren Glykokalyx im Vergleich zu benachbarten Epithelzellen längere und dichter gestellte Filamente ("antennulae microvillares") aufweist (Griffith et al., 1968).

3. Interstitium und Lymphkapillaren

Das Interstitium der Niere spielt im Rahmen des intrarenalen Regulationsprinzips eine bedeutende Rolle (Lit. s. Romen u. Thoenes, 1970; Bulger u. Nagle, 1973). Im Rindenparenchym ist seine Entfaltung am Gefäßpol und im Bereich der afferenten Arteriole am höchsten. Unter den wesentlichen Komponenten, den Fibroblasten und freien Zellen, sollen nur die ersteren Berücksichtigung finden. Fibroblasten bilden um die glomerulären Arteriolen einen lockeren, diskontinuierlichen, perivaskulären Mantel und breiten sich zwischen benachbarten Tubulussegmenten und peritubulären Kapillaren in Form eines dreidimensionalen, weitkammerigen Netzwerkes aus. Die sternförmigen Zellen sind mit ihren langgestreckten, finger- oder plattenartigen Ausläufern an der Basallamina von typischen, glatten bzw. epitheloiden Muskelzellen, von Tubulusepithelien und Kapillarendothelien befestigt. An den Halbdesmosomen-ähnlichen Anheftungsstellen strahlen im Zytoplasma eine Vielzahl von Filamenten in Verdichtungszonen unter dem Plasmalemm ein. Vor allem im Bereich des Goormaghtighschen Zellpolsters sind solche Haftpunkte, wie bereits erwähnt, Nexus-ähnlich differenziert. Im Perikaryon beobachtet man neben einem gut ausgebildeten Golgi-Apparat zahlreiche kleine Mitochondrien, "dense bodies", Zisternen des rauhen bzw. glatten ER und gelegentlich Lipoidvakuolen. Lysosomen kommen in unterschiedlicher Größe und Zahl vor. Basallamina-ähnliches Material, Filamente und Mikrofibrillen umgeben die Fortsätze meist nur an den Anheftungsstellen. Die Ausläufer sind untereinander durch überlappende End- zu End-Kontakte verbunden, die häufig Desmosomen- und Nexusartige Spezialisierung aufweisen.

Die Fortsätze umgeben unvollständig die nackten oder teilweise von Schwannschen Zellausläufern bedeckten Axonbündel und Einzelfasern. Der Abstand zu den Axonen variiert beträchtlich. Ein Spaltraum von 200 Å trennt die Plasmalemmata in Kontaktzonen (Abb. 26, 27). Vesikelansammlungen sind im Axoplasma direkt unter dem Plasmalemm häufig zu beobachten, während "postsynaptische" Membran- oder Zytoplasmadifferenzierungen nicht auftreten (Abb. 26). Die engen räumlichen Beziehungen

---

Ursprung der Vasa efferentia beschränkt ist. Basalmembranverschmelzungen kommen unabhängig von der Macula densa regelhaft zwischen distalem Tubuluskonvolut und Gefäßwand im Bereich des juxtaglomerulären Apparates vor (s. *Pfeilköpfe*). Sie nehmen im Gefäßabschnitt des Vas efferens meist eine größere Flächenausdehnung ein. *A*: A. interlobularis; I und II: Vasa afferentia

Fig. 17. Reconstruction of a juxtamedullary glomerulus with the adjacent distal tubule based on serial semithin sections (3/4 μm). The sagittal sections show that the macula densa with typical epithelial differentiation is limited to the Goormaghtigh's cell group, inspite of an enlarged hilar area caused by early division of the efferent arteriole (*1* and *2*). Fusions of basement membranes can be seen independently from the macula densa occurring regularly between the distal tubule and the vascular wall in the whole region of the juxtaglomerular apparatus (*arrowheads*). *A*: interlobular artery. I and II: vasa afferentia. X 350; sagittal sections: X 100

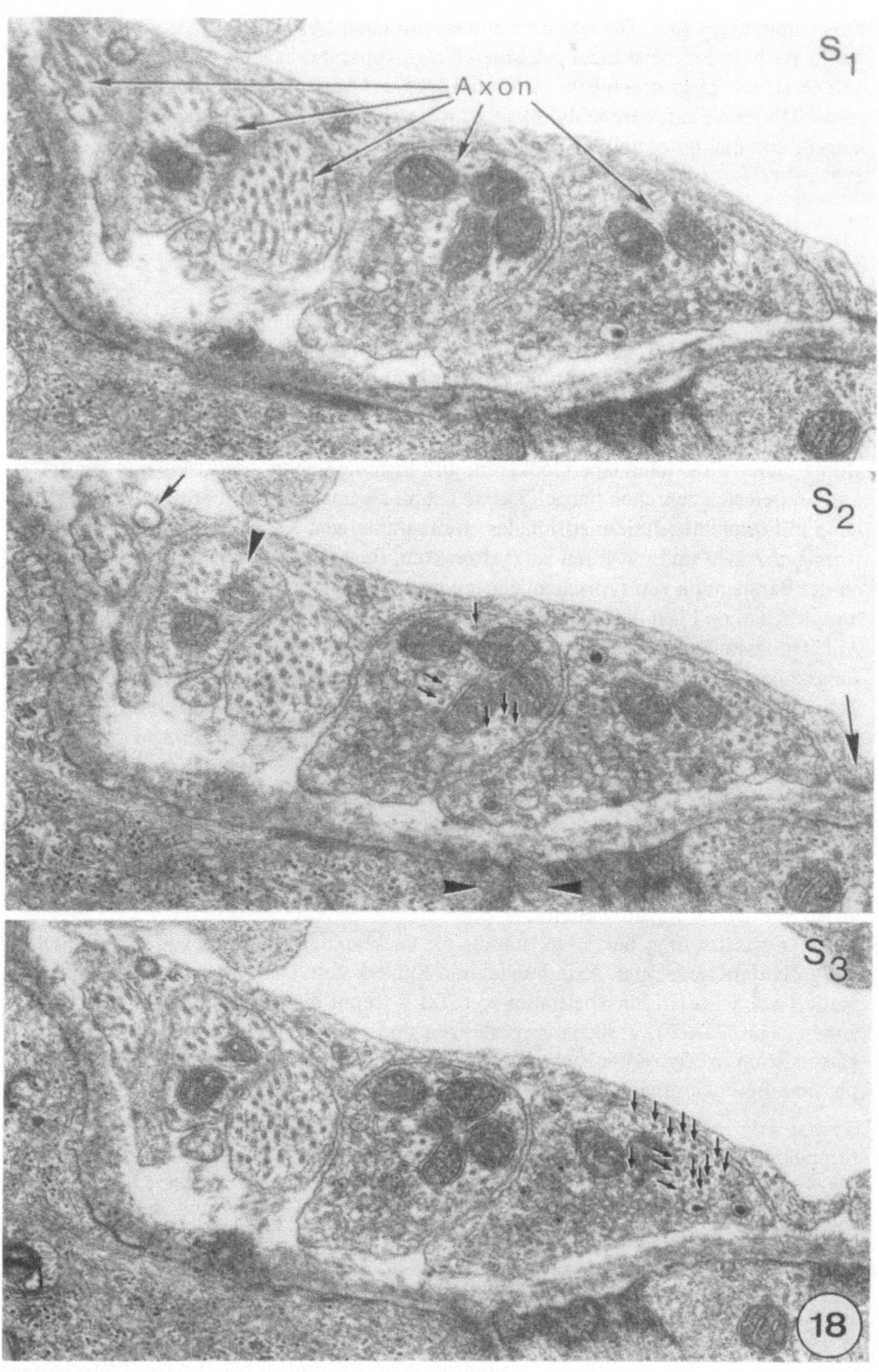

Abb. 18

zwischen interstitiellen Zellen und adrenergen Axonen sind charakteristisch für die gesamte Peripherie der Hilusregion. Sie erklären, daß an Einzelschnitten häufig Ausläufer von Fibroblasten als solche von Schwannschen Zellen interpretiert werden.

In der Nierenrinde lassen sich Lymphkapillaren vor allen in der paravasalen Bindegewebsscheide entlang der A. interlobularis bis in subkapsuläre Regionen nachweisen. Sie begleiten die Vasa afferentia von intermediär und juxtamedullär gelegenen Glomeruli, dringen aber selten bis zum Gefäßpol vor. Glomeruli, die von einer gemeinsamen, aus der A. interlobularis abgehenden Arteriole versorgt werden, weisen in unmittelbarer Nachbarschaft der Hilusregion häufiger Lymphkapillaren auf (Abb. 22).

Über die Ultrastruktur der Lymphkapillaren in der Niere liegen zahlreiche Untersuchungen vor (Lit. s. Huth, 1968; Kriz, 1969; Kriz u. Dieterich, 1970; Dieterich u. Kriz, 1972; Nordquist et al., 1973; Rojo-Ortega et al., 1973; Dieterich, 1973). Neben den Studien der genannten Autoren sei auf die grundlegenden Arbeiten von Leak und Burke (1968) und Leak (1970) an dermalen Lymphkapillaren hingewiesen.

Da eine Beschreibung terminaler Abschnitte von Lymphkapillaren im Bereich des juxtaglomerulären Apparates bisher nur von Rojo-Ortega et al. (1973) vorliegt, sollen die histotopographischen Beziehungen zwischen epitheloiden Muskelzellen der Gefäßwand, Fibrozytenausläufern und Endothel kurz dargestellt werden. Charakteristisches Merkmal des Endothels von Lymphkapillaren ist neben einer nur lückenhaft ausgebildeten Basallamina das Fehlen von Poren (Abb. 22, 23). Diese Kriterien, auf die Rhodin (1965) am Beispiel der Niere aufmerksam gemacht hat, sind für die Unterscheidung

---

Abb. 18 - 20. Schnittserie eines Axonbündels in der Wand der präglomerulären Arteriole. Intervariköse Segmente und Varikositäten werden von einem lamellenförmigen Ausläufer einer Schwannschen Zelle dachartig gegen das Interstitium begrenzt. Im Zytoplasma strahlen Filamente in Verdichtungszonen am Randwulst ein (Abb. 18: S_2, *Pfeil* und Abb. 19: S_5, Abb. 20: S_{10}, *Pfeilkopf*). Die Intervarikositäten enthalten vornehmlich Neurotubuli und Neurofilamente, vereinzelt Mitochondrien und tubuläre Profile des axoplasmatischen Retikulums (Abb. 18: S_2, *Pfeilkopf*). In den Varikositäten fallen vor allem die Ansammlungen kleiner und großer Vesikel auf, deren Matrix und Halo unterschiedliche Elektronendichte und Struktur aufweisen. Die Zahl der Neurotubuli bleibt im Axonverlauf konstant (vgl. Abb. 18: S_2. Abb. 19: S_5 und Abb. 20: S_8, oder Abb. 18: S_3, Abb. 19: S_6 und Abb. 20: S_{10}). Stachelsaumbläschen finden sich an der Plasmamembran der Schwannschen Zelle, vermehrt am Axolemm (*mittelgroße Pfeile*). Im Neuroeffektorgebiet sind im "postsynaptischen" Bereich Einsenkungen des Plasmalemms mit Stachelsaum-artiger Membrandifferenzierung nicht selten. Sie enthalten Basallamina-ähnliches, häufig partikulär aggregiertes Material (Abb. 19: *Kreise*). Solche Granula sind gelegentlich zwischen Plasmalemm und Basallamina isoliert zu beobachten (Abb. 20: S_9, *Pfeile*). Beachte die punktförmige "gap junction" in Abb. 18: S_2 (*Pfeilköpfe*). X 34500 – 36000

Figs. 18 - 20. Series of thin sections showing an axon bundle closely apposed to the afferent arteriolar wall. Intervaricose segments as well as varicosities are covered by a lamellar process of a Schwann cell displaying filaments which radiate into attachment zones (Fig. 18: S_2, *arrow* and Fig. 19: S_5, Fig. 20: S_{10}, *arrowheads*). Intervaricose portions contain largely neurotubules, neurofilaments and tubular profiles of axoplasmic reticulum (Fig. 18: S_2, *arrowhead*). In the nerve endings clusters of small and large vesicles are seen which show striking differences with regard to electron density and structure of their matrix and halo. The number of neurotubules remains constant (compare Fig. 18. S_2; Fig. 19: S_5; and Fig. 20: S_8, or Fig. 18: S_3, Fig. 19: S_6, and Fig. 20: S_{10}, *small arrows*). Coated vesicles occur frequently, as seen in serial sections (*medium-sized arrows*). In the "postsynaptic" region of the neuroeffector zone invaginations of the plasmalemma with a spiny differentiation similar to that of coated vesicles often occur. They contain basal laminalike, flocculent or granular material (Fig. 19: *circles*). At the neuromuscular junction punctate nexus connecting adjacent epitheloid cells can be observed, when serial sections are examined (Fig. 18: S_2, *arrowheads*). X 34500 – 36000

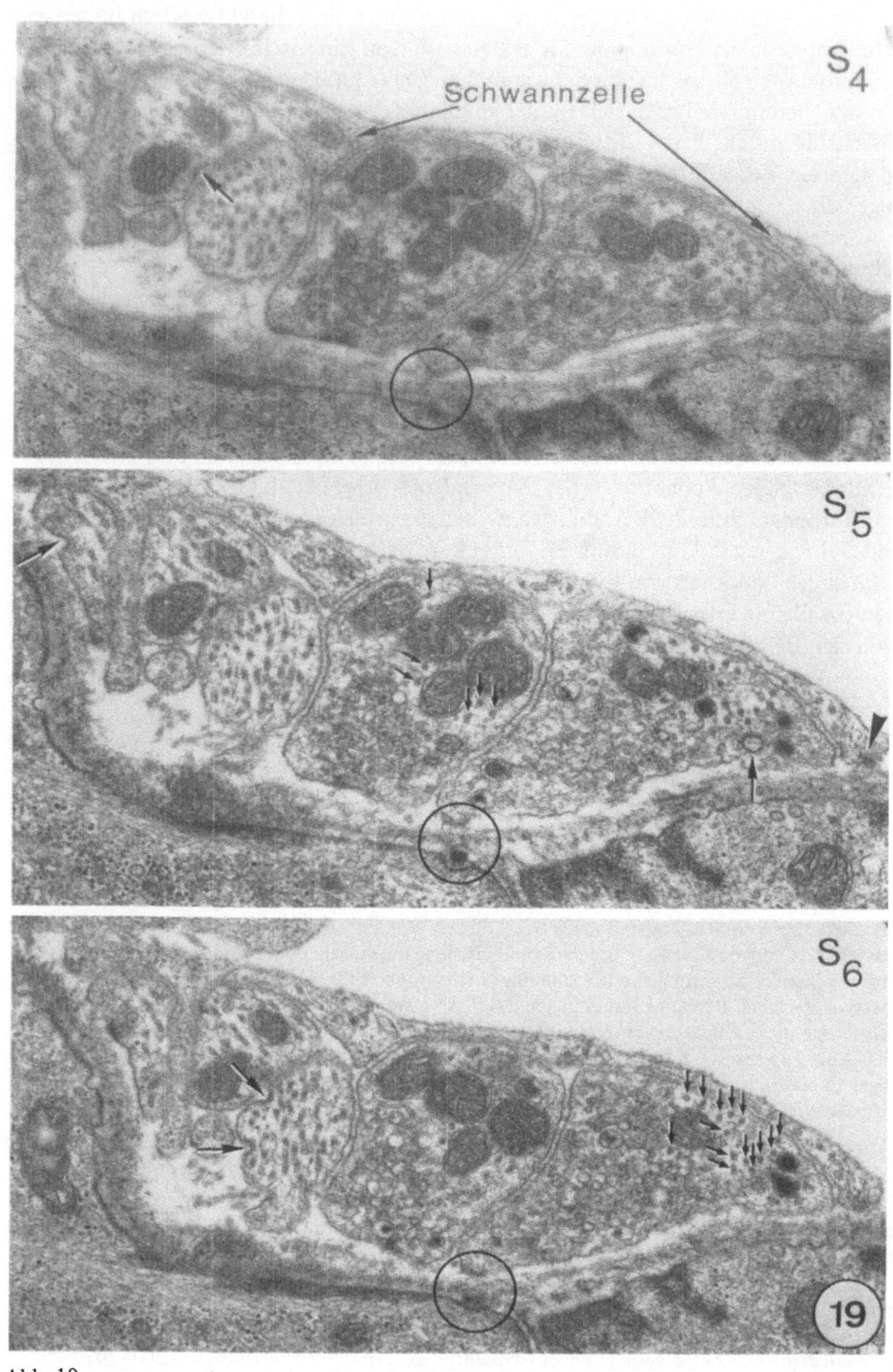

Abb. 19

zwischen Lymph- und Blutkapillaren von großem Wert. Außerdem weisen die Endothelzellen an den überlappenden End-zu End-Kontakten neben "tight junctions" und

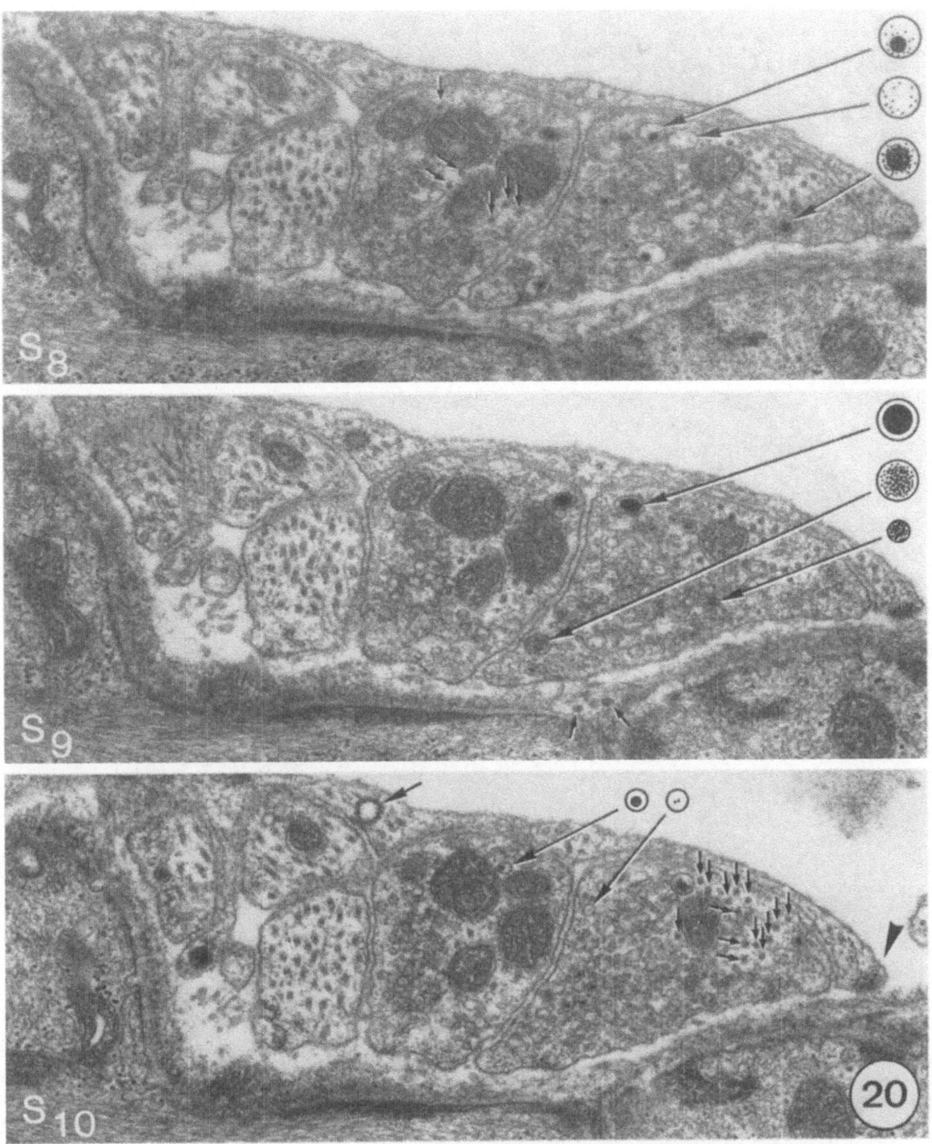

Abb. 20

“gap junctions” in bestimmten Abständen größere Lücken auf (Abb. 23). Fibroblastenausläufer, die an der Basalmembran von epitheloiden Zellen bzw. Epithelzellen des distalen Tubulussegmentes inserieren, ziehen direkt an das Endothel der Lymphkapillaren. An den Anheftungsstellen strahlen stets Bündel von Filamenten und Mikrofibrillen (“anchoring filaments”) in Basallamina-ähnliches Material ein. Die Fortsätze bilden um die Lymphkapillaren eine spärlich differenzierte, perivaskuläre Hülle und bedecken nur partiell Lücken im Endothel. Die letzteren kommen in diesem Endabschnitt in großer Zahl und Ausdehnung vor. Sie stellen die Verbindung zwischen umgebenden, von verzweigten Fibroblastausläufern begrenzten polygonalen Kammern bzw. Lymphspalten und der Gefäßwand bzw. dem distalen Tubulussegment her.

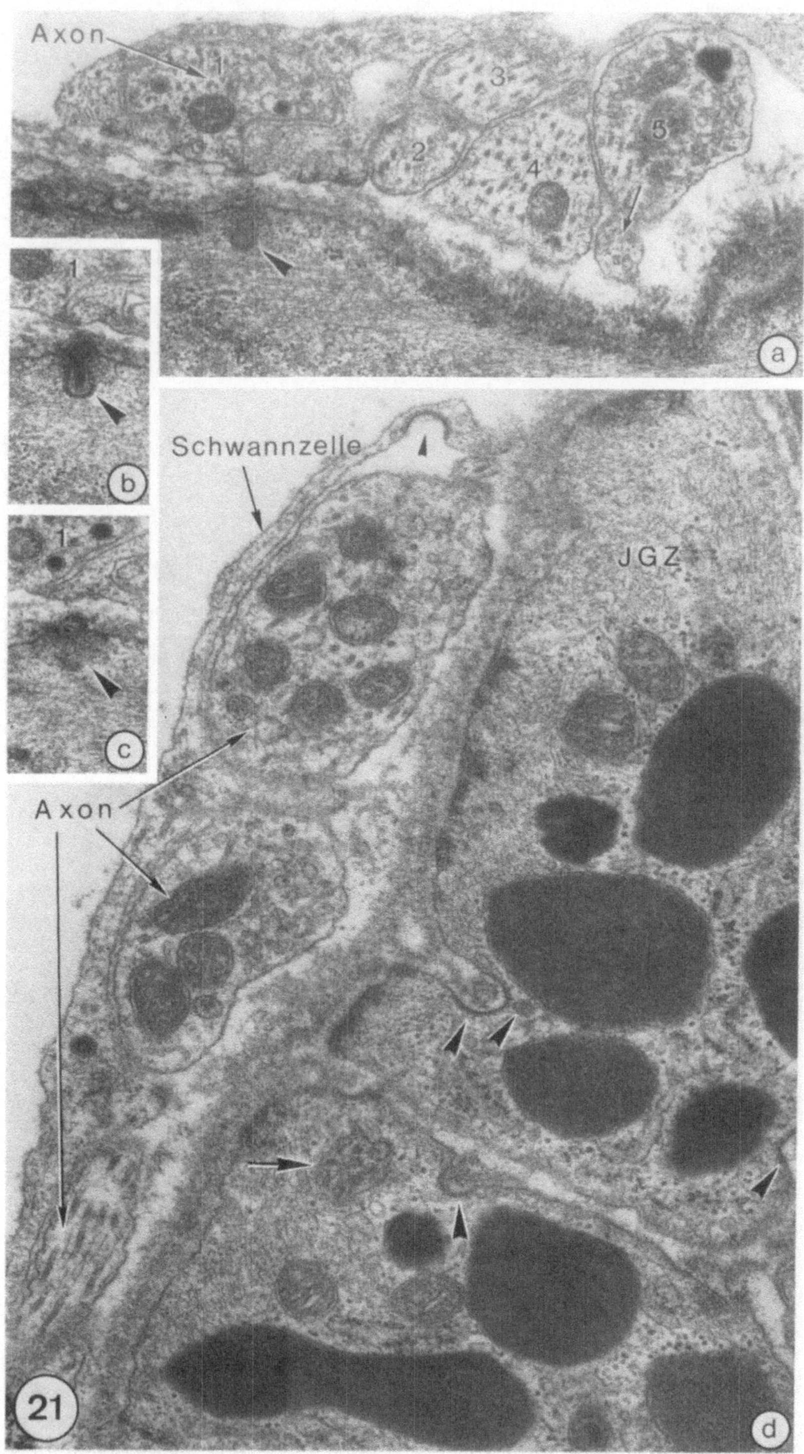

Abb. 21a–d. Schnittserie (a, b, c) und Einzelschnitt (d) von Axonbündeln in der Wand der präglomerulären Arteriole. Darstellung verschiedener Plasmalemmeinsenkungen mit Stachelsaum-

4. Feinstruktur der adrenergen Axone

a) Terminologie und Beziehung zu Schwannschen Zellen

Im Gefäßverlauf der A. interlobularis liegen die von einer Perineuralscheide oder Fibrozytenhülle umgebenen unmyelinisierten Axonbündel im perivaskulären Bindegewebe. Sie werden als *nicht-terminale* Axonabschnitte bezeichnet, da sie keine Varikositäten aufweisen und im Fluoreszenzmikroskop nur eine sehr geringe Fluoreszenzintensität zeigen. An der Media/Adventitia-Grenze liegen den Strängen oder Lamellen-artigen Strukturen der Elastica externa unmittelbar benachbart Einzelaxone oder Faserbündel an, die keine Perineuriumumhüllung mehr besitzen und von Schwannschen Zellen nur noch unvollständig umgeben werden. Diese Axone sind in ihrem Verlauf durch perlschnurartig aufgereihte Erweiterungen des Axoplasmas, Varikositäten oder "Nervenendigungen", gekennzeichnet und werden als *terminale* Axonabschnitte angesehen. Sie zeigen hohe Fluoreszenzintensität.

Im gesamten Bereich des juxtaglomerulären Apparates kommen nur terminale Axone vor. In proximalen Regionen des Vas afferens verliert die Schwannsche Zelle kontinuierlich ihre Basallamina. Sie teilt sich in zahlreiche fingerförmige oder plattenartige Zytoplasmaausläufer auf, die die Axonbündel mit ihrer Varikositäten nur unvollständig umgeben und häufig schon vor dem Gefäßpol enden. In der Hilusregion verlaufen die Axonbündel entlang der Gefäßachse sowohl "nackt" als auch partiell von Fibrozyten und Schwannschen Zellausläufern bedeckt zum Vas efferens (Abb. 18–21, 23–25, 27). Letztere besitzen in diesem Bereich weder eine Basallamina, noch ist die Zahl der pinozytotischen Vesikel und Ribosomen oder der Zisternen des rauhen ER im Zytoplasma erhöht. Nur vermehrtes Vorkommen von Mikrotubuli und der gleichbleibend enge Spalt von 150–200 Å zwischen den Plasmalemmata können als Merkmale zu ihrer Kennzeichnung herangezogen werden.

Vom periarteriolären Plexus ziehen Einzelaxone in den weitmaschigen Kammern der Fibrozytenausläufer zu benachbarten Tubulussegmenten (Abb. 7, 8, 27) und peritubulären Gefäßen. Bei diesen Einzelfasern, die in der Mehrzahl "nackt" sind und keine Basallamina- bzw. Zellumhüllung aufweisen, handelt es sich, wie die Analyse von Schnittserien zeigt, fast regelhaft um *echte terminale* Axonabschnitte (Abb. 25, 26, 27). Sie enden nach 2–5 Varikositäten mit einem länglichen Endkolben und zeichnen sich durch besonders hohe Fluoreszenzintensität aus.

Die schmalen, plattenartigen Schwannschen Zellausläufer grenzen die Axonbündel, die der Gefäßwand direkt anliegen, häufig dachartig gegen das Interstitium ab. Zur Basalmembran der epitheloiden Zellen haben sie jeweils mit ihrem lateralen Randwulst halbdesmosomenähnlichen engen Kontakt. An der Anheftungsstelle sind im Zytoplasma des Randwulstes Verdichtungszonen ausgebildet, in die zahlreiche Filamente einstrahlen (Abb. 18–20, 24). Mit der Reduktion der Schwannschen Zellumhüllung geht

---

ähnlicher Membrandifferenzierung (*große Pfeilköpfe*). d. Stachelsaumbläschen und Plasmalemmeinfaltungen (im Querschnitt: *Pfeil*) haben enge räumliche Beziehungen zu den spezifischen Sekretgranula der epitheloiden Zellen. a, b, c: X 29000; d: X 38000

Fig. 21a–d. Three consecutive sections (a, b, c) and a single thin section (d) showing axon bundles in close apposition to the afferent arteriolar wall. d. At the contact zone, epitheloid cells (*JGZ*) often exhibit numerous tubular invaginations of various length (in cross section: *arrow*) with a spiny membrane differentiation (*large arrowheads*). They display frequently intimate relation to coated vesicles and to specific secretory granules. a, b, c: X 29000; d: X 38000

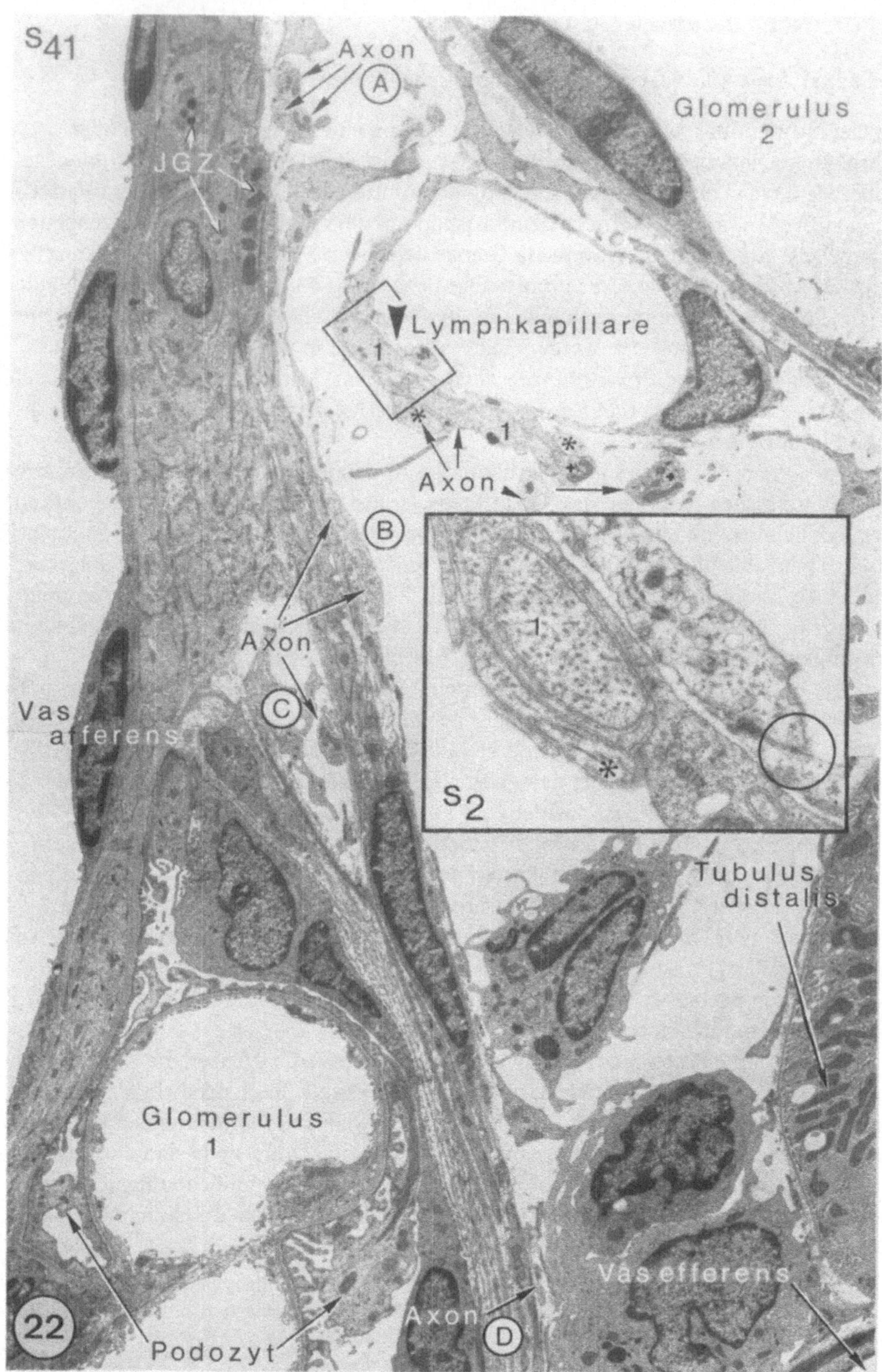

Abb. 22. Lymphkapillare im Bereich des juxtaglomerulären Apparates eines intermediären Glomerulus, dessen Vas afferens gemeinsam mit dem eines benachbarten Nierenkörperchens (G_2) von einer aus der A. interlobularis abgehenden Arteriole versorgt wird. Charakteristisches Merkmal des Endothels der Lymphkapillaren sind neben fehlenden Poren und einer diskontinuierlichen Basal-

auch die räumliche Annäherung der Axone untereinander einher. Sie werden selten durch Plasmasepten und Zapfen getrennt (Abb. 18–20), oder letztere isolieren nur im Bereich der intervarikösen Segmente die Einzelfasern (Abb. 24). Der Abstand zwischen den Axolemmata beträgt meist 150–200 Å.

b) Varikositäten

Die kettenförmig aneinandergereihten Varikositäten sind kolbenartige Erweiterungen des Axoplasmas unterschiedlicher Länge und Größe. Sie werden durch intervariköse Segmente verbunden, die sich durch einen relativ konstanten Durchmesser auszeichnen, jedoch in ihrer Länge beträchtlich variieren (Abb. 24). Zahlreiche Varikositäten weisen fingerförmige Protrusionen auf (Abb. 24), die bevorzugt in Nischen der Gefäßwand hineinragen, oder sich seitlich bzw. zwischen zwei benachbarte Axone zur Basallamina der epitheloiden Zellen vorwölben. An Einzelschnitten von Gefäßarteriolen haben damit allgemeine Angaben über die Zahl der Axone in einem Bündel auf Grund der Ausbildung solcher fingerförmiger Ausläufer nur mit großen Vorbehalten Gültigkeit (Abb. 24). Zwischen benachbarten Varikositäten sind gelegentlich interneuronale Kontaktzonen angedeutet. Während prä- und postsynaptische Membranverdichtungen meist fehlen, sind im Interzellularspalt filamentäre Strukturen und unter den Plasmalemmata häufig "subsynaptische" Zisternen in Folgeschnitten nachzuweisen. Die Varikositäten enthalten die charakteristischen Vesikelansammlungen, auffallend viele tubuläre Profile des glatten axoplasmatischen Retikulums, eine weitgehend uniforme Population kleiner und länglicher Mitochondrien und vereinzelt "myelin bodies". Neurotubuli, die in den intervarikösen Segmenten deutlich in paralleler Ausrichtung hervortreten, können in den "Nervenendigungen" zwischen den Vesikeln und anastomosierenden Elementen des tubulär organisierten ER nur an Serienschnitten einwandfrei identifiziert werden. Sie besitzen immer ein Zentralfilament, das als sicheres Kriterium zur Unterscheidung von tubulären Profilen des ER herangezogen werden kann. Die Neurotubuli liegen in den Varikositäten stets in unmittelbarer Nachbarschaft der Mitochondrien, sie sind nicht streng parallel ausgerichtet und ihre Zahl bleibt im Verlauf des terminalen Axons konstant (Abb. 18–20, 23 -25).

---

lamina die in der Serie regelhaft nachweisbaren Lücken (*Pfeilkopf*: S_{41}). In diese Lücken ragen anliegende Axonabschnitte (Axon *1*) frei ins Kapillarlumen, die in S_2 (Ausschnitt) noch vollständig von Schwannschem Zytoplasma umhüllt sind. Die überlappenden Endothelfortsätze weisen im Kontaktbereich "tight" und "gap junctions" auf (Kreis: S_2, vergleiche mit Abb. 23: *Pfeile*). In der Hilusregion geht die "innere" Schicht der afferenten Gefäßwand kontinuierlich ins Mesangium über, während die äußeren Lagen in ihrer Gesamtheit Ausläufer des Goormaghtighschen Zellpolsters darstellen (vgl. mit Abb. 26). *JGZ*: juxtaglomeruläre epitheloide Zellen; S_{41} : X 4600; S_2 : X 21000

Fig. 22. Lymphatic capillary occurring in the region of the juxtaglomerular apparatus of an intermediary glomerulus. Its afferent arteriole together with that from the adjacent renal corpsucle (G_2) originate from a common trunk which derives from the interlobular artery. Characteristic features of the endothelium of the lymphatic capillary represent the lack of pores, a discontinuous basal lamina, and gaps (*arrowhead:* S_{41}) which are regularly seen when serial sections are examined. At these areas occasionnally adjacent axons (axon *1*) project freely into the capillary lumen, whereas in consecutive sections they are completely covered by a Schwann cell (S_2 : axon *1*). The overlapping endothelial processes show tight and gap junctions in the contact area (S_2 : *circle*, compare with Fig. 23: *arrows*). At the level of the hilus, the "inner" layer of the afferent vascular wall continues directly into the mesangium, while the "outer" layers represent constituents of the Goormaghtigh's cell group (compare with Fig. 26). *JGZ*: granulated juxtaglomerular cell; S_{41} : X 4600; S_2 : X 21000

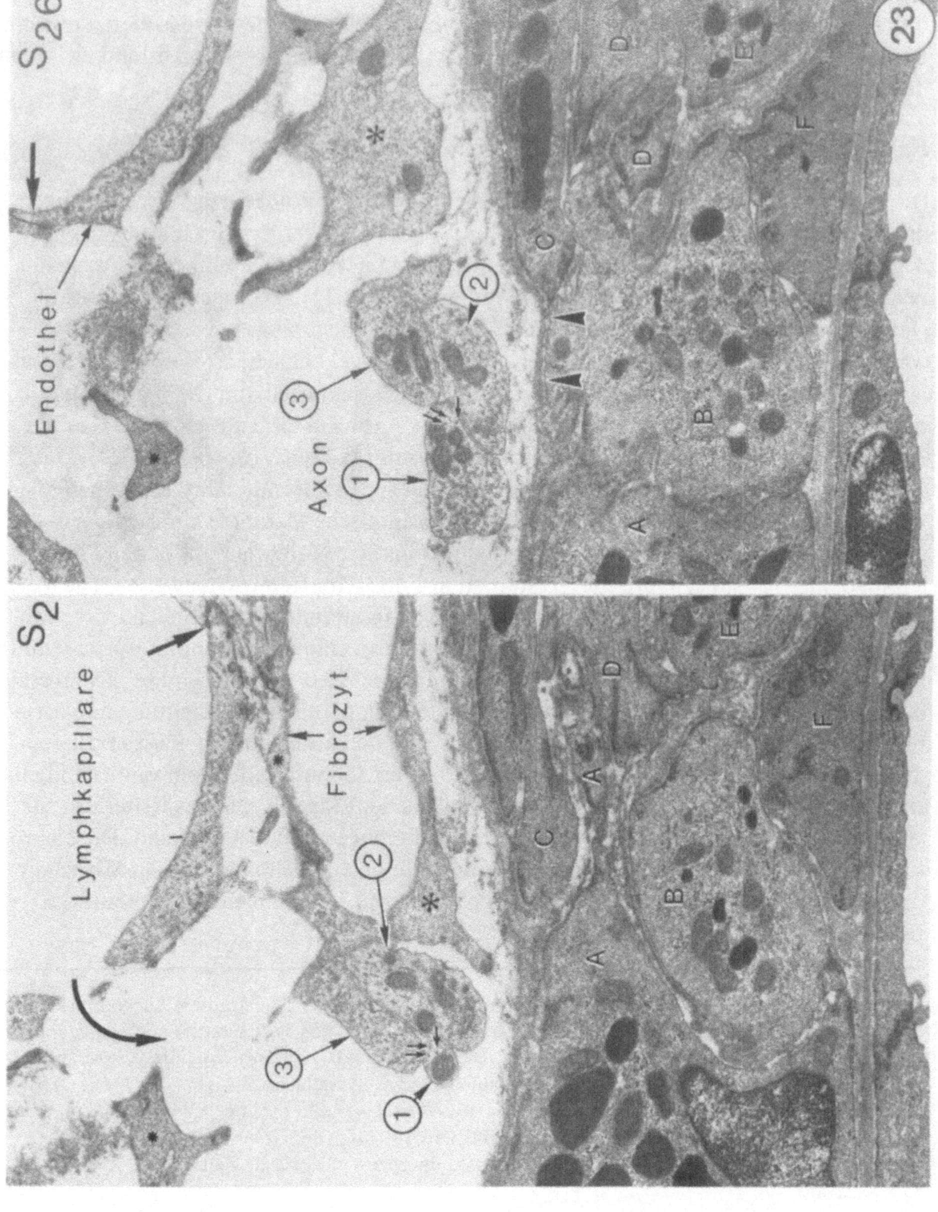

Abb. 23. Darstellung der engen räumlichen Beziehungen zwischen granulierten epitheloiden Zellen der afferenten Arteriolenwand, Axonbündel *A* (vergl. mit Abb. 22) und benachbarter Lymphkapillare. Im Endabschnitt der Lymphkapillaren weist das Endothel häufig Lücken auf, die nur partiell von perivaskulären Fibroblasten bedeckt werden (S_2). Die Mehrschichtigkeit der Media der Arteriola afferens ist auf Grund des komplexen Verzweigungsmodus und der helikalen Anordnung der epitheloiden Zellen meist schnittbedingt (s. Zelle *B* in S_2 und S_{26}). X 13500

Fig. 23. Higher magnification of the afferent arteriolar wall and the axon bundle *A* shown in Fig. 22, presenting the intimate relationship between granulated epitheloid cells, adrenergic nerve endings, and an adjacent lymphatic capillary. In the terminal portion of the lymphatic capillary the endothelium often displays gaps (S_2: *curved arrow*) which are partially covered by perivascular

Im Axoplasma von adrenergen Varikositäten werden meist drei Vesikeltypen unterschieden: kleine granuläre und agranuläre Vesikel, deren Durchmesser ca. 500 Å beträgt, und große Elemente mit elektronendichter Matrix, deren Durchmesser zwischen 850 und 1000 Å variiert. An Serienschnitten zeigt sich, daß unter Berücksichtigung des Granuluminhaltes wenigstens vier Vesikelformen identifiziert werden können, außer den oben aufgeführten kommt noch der große agranuläre Typ vor. Sowohl in der Population der kleinen Vesikel als auch in der der großen Granula lassen sich alle Übergangsformen zwischen optisch leeren Elementen und solchen mit elektronendichtem Core nachweisen. Unabhängig von der Schnittdicke variiert die Struktur der Matrix und des Halo (Abb. 18–20). Nach Glutaraldehyd/OsO_4-Fixierung ist Vorkommen und Zahl kleiner und großer granulärer Vesikel in den Varikositäten schnittbedingt (Abb. 18–20). Im Bereich des juxtaglomerulären Apparates weisen nach Analyse von Serienschnitten alle Axonvarikositäten beide Vesikeltypen auf. Der Durchmesser der tubulären Elemente des ER variiert zwischen 250 und 450 Å. Sie können sowohl mit Neurotubuli als auch mit agranulären Vesikeln verwechselt werden. Stachelsaumbläschen kommen an der Oberfläche der Varikositäten und im Axoplasma vor. Sie liegen bevorzugt in solchen Abschnitten, in denen große "dense-core"-Vesikel lokalisiert sind (Abb. 19).

Die einzelnen Varikositäten weisen im Axonverlauf Unterschiede in Zahl und Verteilung von Vesikeln und tubulären Profilen des ER auf. Ansammlungen dieser Organellen kommen nicht nur im Bereich solcher Plasmalemmabschnitte vor, die der neuromuskulären Kontaktzone zuzuordnen sind, sondern auch in Regionen, die freiliegend in die interstitiellen Räume hineinragen. In den Varikositäten echter terminaler Axonabschnitte liegen Vesikel und Tubuli häufig in nahezu gleicher Zahl vor. In den Endkolben überwiegen die tubulären Elemente des ER, sie bilden ein anastomosierendes Netzwerk, in dessen Maschen häufig Glykogenpartikel liegen (Abb. 26, 27).

c) Intervariköse Segmente

Die Abschnitte zwischen den Axonerweiterungen enthalten Neurotubuli und Neurofilamente, vereinzelt Mitochondrien und "myelin bodies", tubuläre Profile des ER und meist große granuläre Vesikel. Die Zahl der axial ausgerichteten Neurotubuli kann bis auf 2 reduziert sein. Der Durchmesser der intervarikösen Segmente beträgt dann 100–200 mμ. Es handelt sich um freiliegende "nackte" Einzelfasern, die von Axonbündeln zu umgebenden Fibrozytenausläufern ziehen und nach kurzem Verlauf mit einem länglichen, verhältnismäßig dünnen Endkolben zwischen Fibrozytenfortsätzen enden. Die letzteren sind von solchen dünnen intervarikösen Segmenten nur an Serienschnitten zu unterscheiden.

5. Innervation des juxtaglomerulären Apparates

Die elektronenmikroskopische Analyse der Axone und ihres Verteilungsmusters am juxtaglomerulären Apparat bestätigt an Serienschnitten detailliert die fluoreszenzmikroskopischen Befunde. Vom periarteriolären Plexus werden vor allem im Gefäßab-

---

fibroblasts. The striking ramification as well as the helical arrangement of the epitheloid cells results in a "multilayered" media as seen in single sections (see cell *B* in S_2 and S_{26}). X 13500

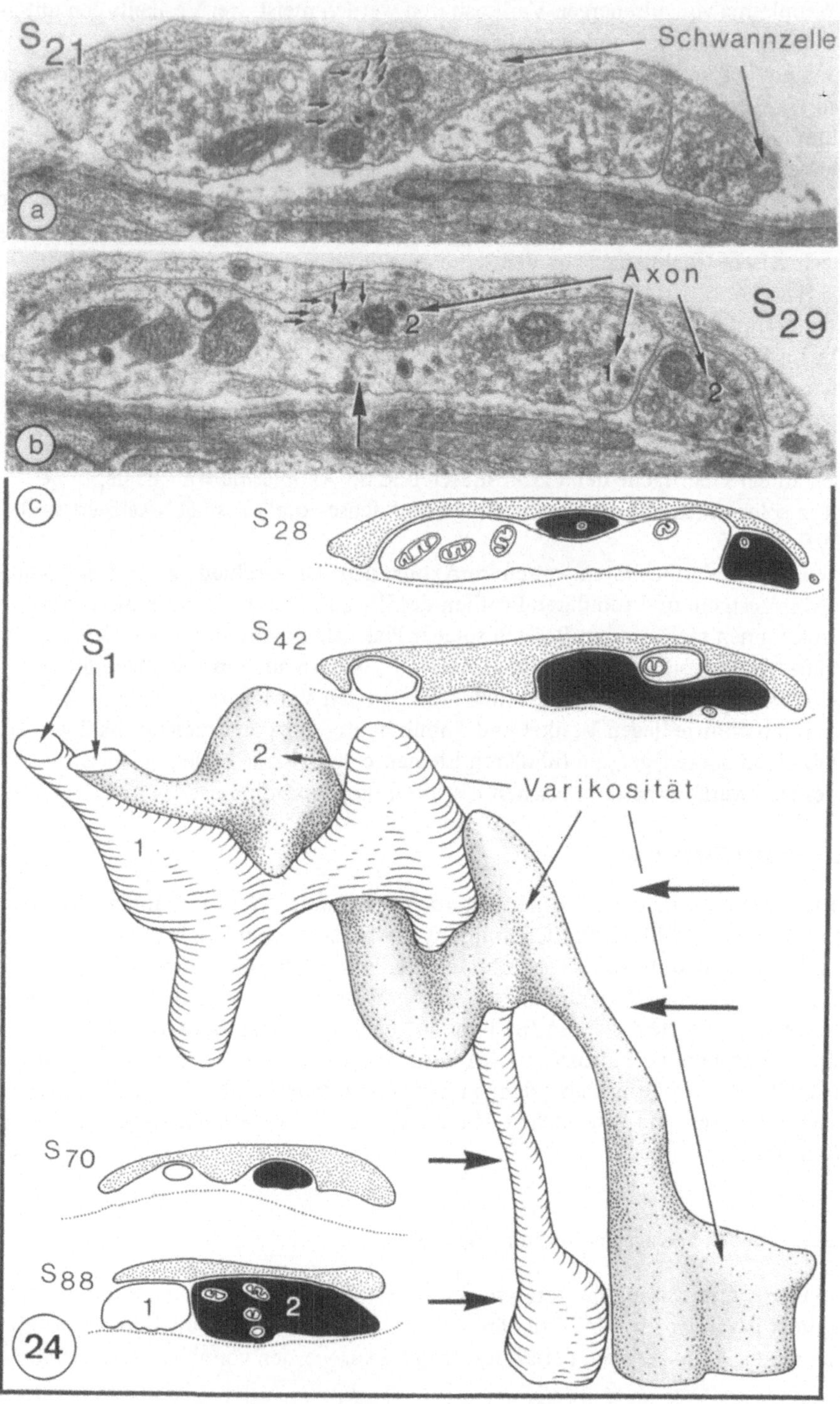

Abb. 24a–c. Innervation der Goormaghtighschen Zellen. Rekonstruktion variköser Abschnitte des Axonbündels *B* (s. auch Abb. 22). Die Axone zeigen nicht nur schraubige Verlaufsrichtung im Bereich der 2. und 3. Varikosität, sondern bilden auch Ausläufer, die an Einzelschnitten weitere

schnitt des Vas afferens sowohl benachbarte zum Nephron gehörige Anteile des proximalen und distalen Tubuluskonvolutes als auch peritubuläre Blutkapillaren innerviert. Varikositäten freier Axone und Faserbündel innervieren im Bereich von Kontaktzonen "en passant" und als Endäste die umliegenden Komponenten, die keinen eigenen Nervenplexus besitzen.

a) Neuro-muskulärer Kontakt

Die Axonbündel liegen im Gefäßabschnitt des Vas afferens und am Gefäßpol in der Regel im Spaltraum zwischen den glatten Muskelzellen bzw. epitheloiden Zellen und dem nach außen angrenzenden Fibrozytenmantel. Der geringste Abstand zwischen Plasmamembran der oben genannten Zellen und Axolemm der Varikositäten variiert sowohl in Abhängigkeit von der Differenzierung der Basallamina der Gefäßwand (850–1200 Å) als auch vom Abstand zwischen Axonbündel bzw. einzelnen Varikositäten und Arteriole überhaupt (1500–4000 Å, vgl. Abb. 18–20 mit Abb. 23). Der Interzellularspalt zwischen Axolemm und Plasmamembran der Goormaghtighschen Zellen ist meist enger, der geringste Abstand beträgt 600–800 Å (Abb. 22 – Axon B, Abb. 24).

An Serienschnitten kann gezeigt werden, daß einzelne Varikositäten zu mehreren epitheloiden Zellen gleichzeitig enge Kontaktzonen ausbilden (Abb. 18–20, 23), daß eine einzelne glatte Muskelzelle bzw. epitheloide Zelle mehrfach von ein und demselben Axon innerviert wird und daß sie mit allen Axonvarikositäten eines anliegenden Faserbündels enge Beziehungen aufweist. Solche multiaxonalen Verbindungen sind charakteristisch für viele Zellen am Vas afferens, ihre Zahl nimmt zum Vas efferens deutlich ab.

In größeren Axonbündeln verlaufen die Einzelfasern (5–8) meist parallel und die Varikositäten mit engen Muskelzellbeziehungen sind hintereinander geschaltet, so daß in Querschnitten stets intervariköse Segmente neben Varikositäten auftreten (Abb. 18–21). In kleineren Bündeln weisen die Axone (2–3) schraubige Ausrichtung auf und Varikositäten sind meist in gleicher Höhe "synchron" ausgebildet (Abb. 23, 24).

Im neuromuskulären Spalt ist stets die Basallamina der glatten bzw. epitheloiden Zellen nachzuweisen. Wenn der Abstand zwischen den Plasmalemmata mehr als 1000 Å beträgt, lagert sich im Spalt ein feingranuläres, netzartig strukturiertes Material der Basallamina an, in das Mikrofibrillen und Filamente ("anchoring filaments") einstrahlen.

Axonprofile vortäuschen (a, b). Die Neurotubuli ziehen nicht mit in die fingerförmigen Protrusionen (Axon 2: a, b). Die intervariskösen Segmente zeichnen sich durch beträchtliche Längenunterschiede aus (b, *Pfeil* – intervariköses Segment). Im Neuroeffektorgebiet beträgt der geringste Abstand zwischen Nervenendigungen und modifizierten glatten Muskelzellen 600–800 Å. a: X 25500; b: X 28500; c: X 15500

Fig. 24a–c. Innervation of Goormaghtigh cells. Reconstruction of three varicose segments of the axon bundle *B* (compare with Fig. 22) based on serial thin sections. The axons show helical arrangement at the level of the 2nd and 3rd varicosity. The latter are provided with fingerlike protrusions which simulate further axon profiles in single sections (compare a and b with c). The neurotubules do not pass into these protrusions (compare a with b – axon *2* – *small arrows*). The intervaricose segments differ considerably in length (b, *arrow*). In the neuroeffector zone the minimum distance between nerve endings and modified smooth muscle cells measures 600–800 Å. a: X 25500; b: X 28500; c: X 15500

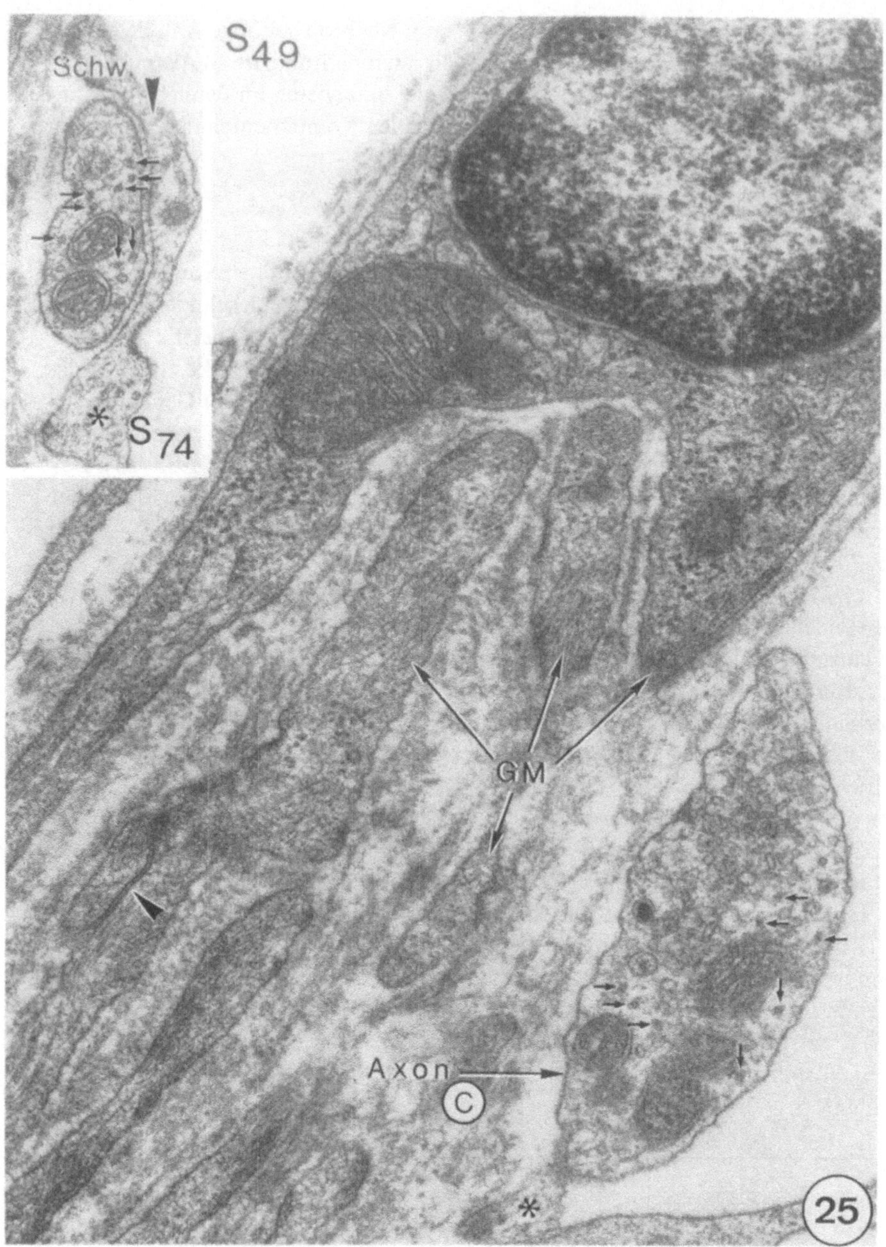

Abb. 25. Innervation der Goormaghtighschen Zellen (Axon *C*, s. auch Abb. 22). An der Einmündung des Vas afferens in den Glomerulus bilden die an der Bowmanschen Kapsel inserierenden Goormaghtighschen Zellen (*GM*) eine kragenförmige Manschette um das Gefäß. In die trichterförmige Nische zwischen "äußerer" und "innerer" Schicht der Gefäßwand ziehen echte terminale Fasern, die an Einzelschnitten ein Eindringen von Axonen ins Goormaghtighsche Zellpolster bzw. ins Mesangium vortäuschen (s. auch Abb. 26). Die Zahl der Neurotubuli bleibt im Axonverlauf konstant. Zwischen den Ausläufern der Goomaghtighschen Zellen sind im Bereich von Kontaktzonen häufig Nexus ausgebildet (*Pfeilkopf*). S_{49}, S_{74} : X 46000

Die Plasmamembran der epitheloiden bzw. glatten Muskelzellen zeigt im neuromuskulären Kontaktbereich keine charakteristischen "postsynaptischen" Spezialisierungen. Bei der Analyse von Serienschnitten fallen neben Oberflächenvesikeln, gelegentlich nachweisbaren Einfaltungen des Plasmalemms und benachbarten Zisternen des ER die schon erwähnten Stachelsaumbläschen-ähnlichen Strukturen auf (Abb. 19, 21), die häufig rundlich aggregiertes, elektronendichtes Material enthalten.

b) Neuro-epithelialer Kontakt
Tubulussegmente-Macula densa

Epithelzellen des proximalen und distalen Tubuluskonvolutes besitzen in der Mehrheit ein gut ausgebildetes basales Labyrinth. Durch tiefe Plasmalemmeinstülpungen entstehen dünne, plattenartige Zytoplasmakompartimente, die meist zirkulär zur Längsachse des Tubulus ausgerichtet sind und an der Basis Ansammlungen von Filamenten aufweisen. Die letzteren sind in proximalen Tubulusabschnitten meist dicht gepackt und in Bündeln geordnet, während sie in distalen Tubulusanteilen nur in lockerer Verteilung, selten gehäuft oder in Strängen organisiert vorkommen (Lit. s. Newstead, 1971; Roostgaard et al., 1972; Zimmermann u. Boseck, 1972). Unter der kontinuierlichen Basalmembran lassen sich im Bereich des juxtaglomerulären Apparates stets Varikositäten nachweisen, die jedoch nicht ins Epithel eintreten.

Adrenerge Faserbündel und freie Axone ziehen im afferenten Gefäßabschnitt vor allem zum anliegenden distalen Tubuluskonvolut und bilden "en passant"-Kontaktzonen. Einige Axone scheren aus den die Arteriole begleitenden Bündeln aus und enden nach kurzer Verlaufsstrecke mit mehreren Varikositäten unter der Basalmembran. In den neuro-epithelialen Kontaktzonen variiert der Abstand zwischen den Plasmalemmata je nach Ausbildung der Basalmembran. Der geringste Abstand beträgt 800–1000 Å (Abb. 27). Im "postsynaptischen" Bereich sind die basalen Einfaltungen meist breiter, sockelartig gestaltet und im Zytoplasmakompartiment liegen auffallend konzentriert – und dies läßt sich besonders deutlich an distalen Tubulusabschnitten aufzeigen – Vesikel und Filamente. Die letzteren strahlen in Verdichtungszonen unter dem Plasmalemm ein (Abb. 8).

Kontaktzonen ähnlicher Ausformung lassen sich sowohl an Epithelzellen an der Peripherie der Macula densa als auch an solchen aufzeigen, die benachbart von Anheftungsstellen des distalen Tubulus an die afferente Arteriole unabhängig von der Macula densa vorkommen. Das basale Labyrinth weist, wie schon erwähnt, in diesen als intermediär bezeichneten Zellen und in Schaltzellen ("intercalated cells") geringe Spezialisierung auf. Die "postsynaptischen" Differenzierungen sind dann weniger deutlich ausgeprägt (Abb. 27). Zwischen der eigentlichen Epithelplatte der Macula densa und dem Goormaghtighschen Zellpolster kommen Axone nicht vor.

Fig. 25. Innervation of the Goormaghtigh cells (axon *C*; compare with Fig. 22). At the entrance of the afferent arteriole in the glomerulus, the Goormaghtigh cells (*GM*) which insert on the Bowman's capsule, form a semicircular collar around the vessel. In the funnelshaped recess between "outer" and "inner" layers of the vascular wall terminate the true axon end portions, which, as seen in single sections, simulate a penetration of nerve fibres into the group of Goormaghtigh cells or into the mesangium (compare also with Fig. 26). The number of neurotubules remains constant considering varicose (S_{49}) and intervaricose segments (S_{74}). Nexus are frequently seen connecting cytoplasmic processes of Goormaghtigh cells (*arrowhead*). S_{49} ; S_{74} : X 46000

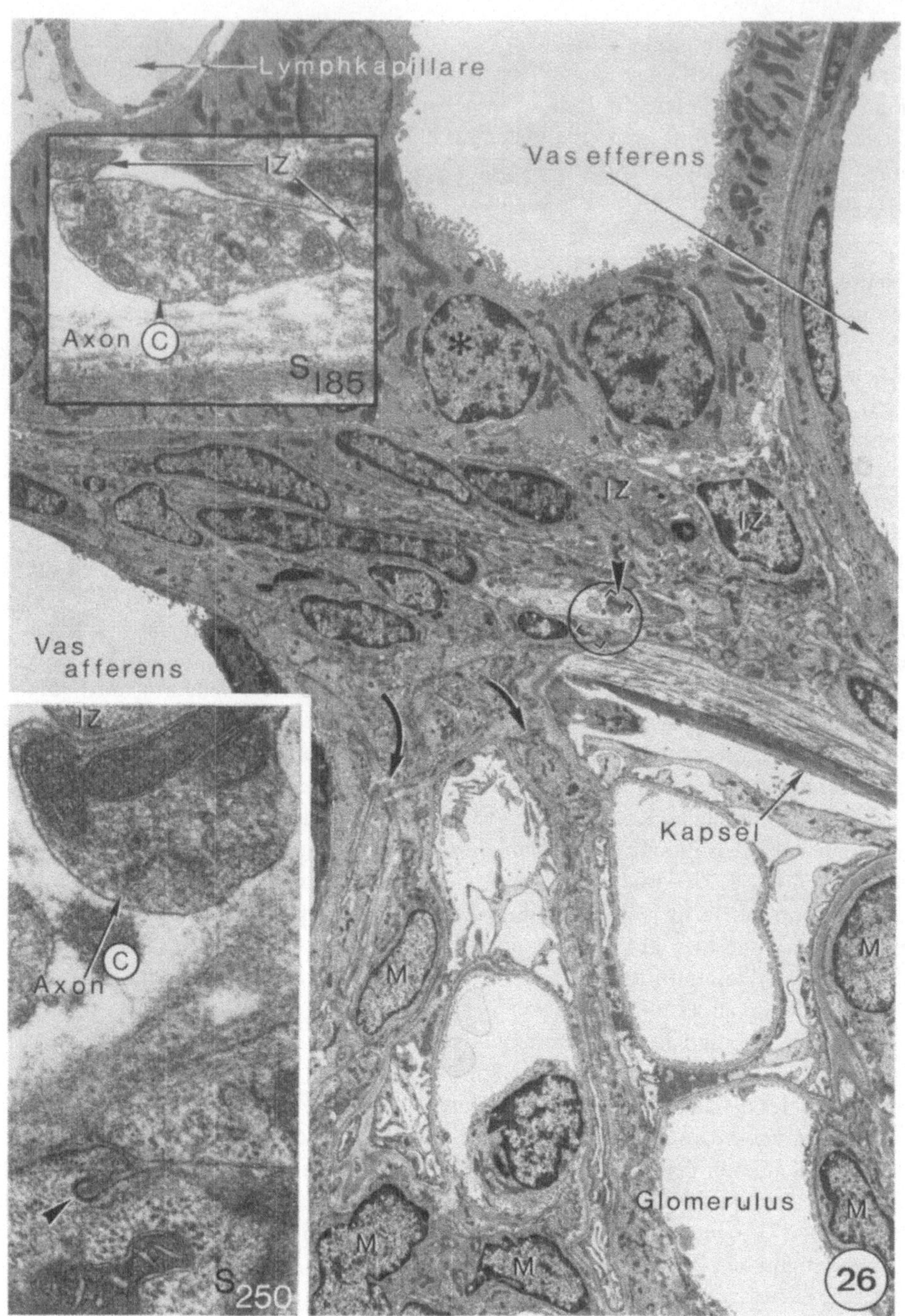

Abb. 26. Nachweis eines echten terminalen Axonabschnittes. In der trichterförmigen Nische endigt Axon *C* mit einer länglichen, kolbenförmigen Axoplasmaauftreibung (Kreis und Ausschnitt S_{250}, Ausschnitt S_{185} entspricht der letzten Varikosität). Im Axoplasma fallen vor allem tubuläre Profile des axoplasmatischen Retikulums auf. Zahlreiche Ausläufer interstitieller Zellen (*IZ*) dringen von der Peripherie in das Goormaghtighsche Zellpolster und weisen enge Membranbeziehungen zu den echten terminalen Axonabschnitten auf (S_{185} und S_{250}). Im Interzellularraum zwischen Axolemm und Plasmamembran der Goormaghtighschen Zellen ist stets eine Basallamina zu beobachten (S_{250} vgl. mit Abb. 25). Die letzteren zeichnen sich durch zahlreiche Plasmalemmeinsenkungen

Bowmansche Kapsel

Charakteristisches Merkmal der Epithelzellen des parietalen Blattes des Nierenkörperchens sind die zahlreichen Filamentbündel, die an der Zellbasis lokalisiert sind und in Halbdesmosomen an der Plasmamembran einstrahlen. Die Zellen sind eng miteinander verzahnt und zwischen den überlappenden Ausläufern kommen regelhafte Zonulae occludentes, intermediäre Membranverbindungen und Desmosomen vor (Lit. s. Forssman 1973; Ryser u. Webber, 1974; Kühn u. Reale, 1975a; Taugner et al., 1975). Die Bowmansche Kapsel wird von einer durchgehenden Basalmembran umgeben, die besonders in der Hilusregion hohe Differenzierung aufweist (Abb. 22, 26).

Bevorzugt am Gefäßpol zweigen einige kleine Axonbündel oder Einzelfasern vom periarteriolären Plexus zur Bowmanschen Kapsel und lagern sich unter Ausbildung zahlreicher Varikositäten der vielschichtigen Basalmembran an. Die freien Axone kann man entlang des parietalen Blattes bis in die Region nachweisen, in der die Basalmembran der Bowmanschen Kapsel "normale Breite" (ca. 300–500 Å) angenommen hat und Zahl und Organisation der Filamente in basalen Epithelanteilen auffallend reduziert sind. Fibroblasten und zahlreiche Mikrofibrillenbündel begleiten die Axone und lagern sich häufig dicht dem Axolemm an.

c) Neuro-endothelialer Kontakt
Blutkapillaren

Im Verlauf des Vas afferens breiten sich zahlreiche peritubuläre Kapillaren zwischen afferenter Arteriole und dem begleitenden zugehörigen distalen Tubuluskonvolut aus (Abb. 7). Die Kapillaren besitzen ein meist abgeflachtes Endothel, das alternierend dünn ausgezogene, lamellenartige Zytoplasmaabschnitte mit Fenestrationen und solche ohne Fensterung aufweist (Abb. 8). Die letzteren wölben sich ins Lumen vor und enthalten neben den üblichen Organellen und dem Kern Mikrotubuli und zahlreiche Filamente. Die Endothelzellen sind untereinander durch "tight junctions" (Fasciae occludentes) und Nexus verbunden (Lit. s. Kühn et al., 1975) und gehören nach der Einteilung von Claude und Goodenough (1973) funktionell zum "very leaky"-Typ. Das Endothel wird von einer durchgehenden Basallamina umgeben, in die Filamente, Mikrofibrillen und Kollagenfibrillen einstrahlen (Abb. 8).

---

mit Stachelsaum-ähnlicher Membrandifferenzierung aus (*Pfeilkopf*: S_{250}). Achte auf die Kontinuität zwischen "innerer" Schicht der afferenten Gefäßwand und Mesangium (*M, Pfeile*) und Übergang der "äußeren" Schicht ins Goormaghtighsche Zellpolster und die Wandung des Vas efferens. S_{250} X 6500, Ausschnitt X 41000, S_{185} X 29000

Fig. 26. Presentation of a true anatomical adrenergic nerve terminal in the depth of the funnel-shaped recess (compare with Fig. 22). Axon *C* terminates with an elongated bulb-shaped varicosity (inset S_{250}: enlargement of the encircled rectangle, whereas inset S_{185} corresponds to the last but one varicosity). In the nerve endings tubular profiles of the endoplasmic reticulum are particularly striking. Numerous slender processes of interstitial cells (*IZ*) penetrate from the periphery into the group of Goormaghtigh cells and show close membrane contacts to the axon terminals (S_{185} and S_{250}). In the cleft between the axolemma and the plasma membrane of the Goormaghtigh cells a continuous intervening basal lamina can be observed (S_{250}: compare with Fig. 25). The latter show also numerous membrane infoldings with a spiny differentiation (*arrowhead*: S_{250}). The "inner" layer of the afferent vascular wall continues directly into the mesangium (*arrows*); the "outer" layer, into both the Goormaghtigh's cell group and the wall of the efferent arteriole. *M*: mesangial cell; S_{250}: X 6500; inset S_{185}: X 29000; inset S_{250}: X 41000

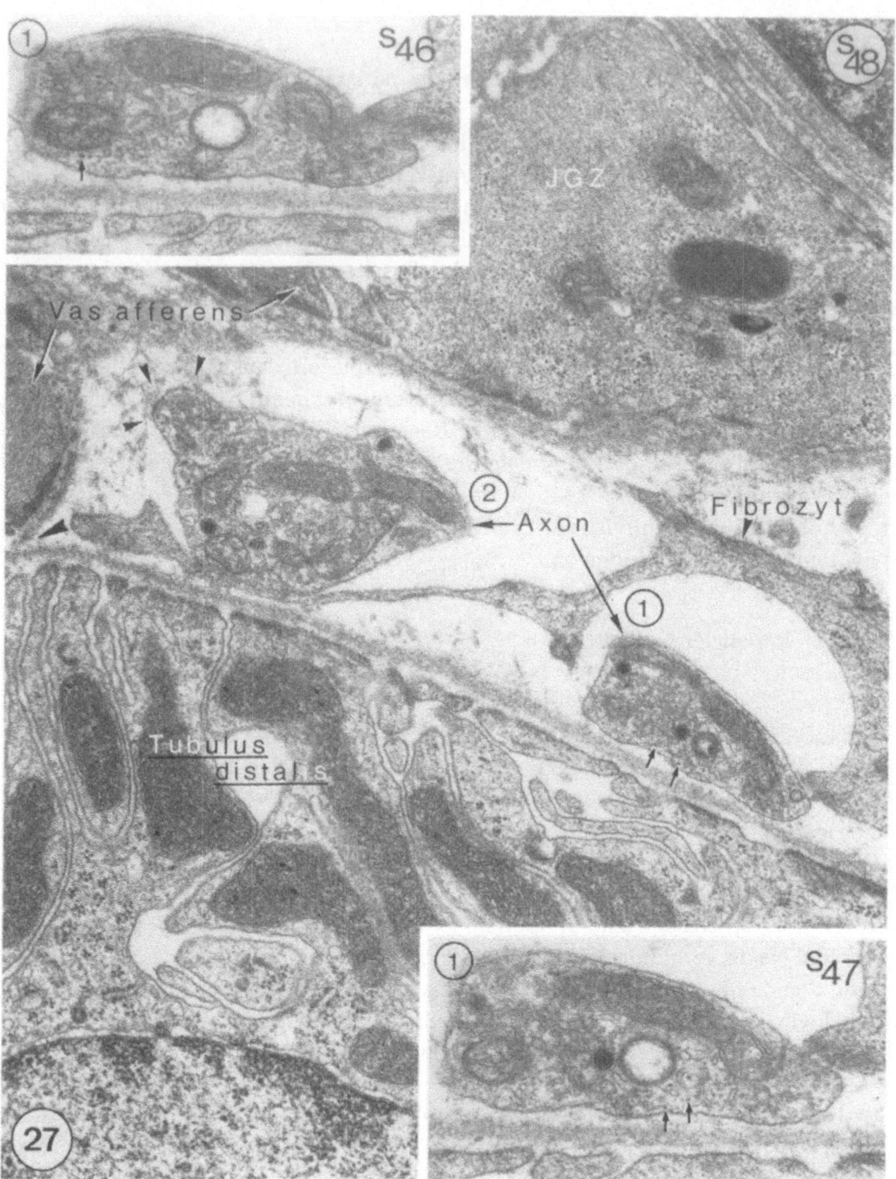

Abb. 27. Echte terminale Axonabschnitte, die sich im Neuroeffektorgebiet den Basalmembranen von Epithelzellen des distalen Tubuluskonvoluts (Axon *1*) und von granulierten epitheloiden Zellen (*JGZ*: Axon *2*, *kleine Pfeilköpfe*) anlagern. Im Axoplasma der Endkolben fällt besonders das anastomosierende Netzwerk tubulärer Profile des axoplasmatischen Retikulums auf, in dessen Maschen Vesikel und vereinzelt Glykogenpartikel liegen (*kleine Pfeile*: S_{46} und S_{47}). Achte auf die engen räumlichen Beziehungen zwischen Fibrozytenausläufern und freien Axonen. Im Bereich der Kontaktzone zwischen distalem Tubulusepithel und arteriolärer Gefäßwand verschmelzen die Basalmembranen (*großer Pfeilkopf*). S_{48} : X 24000, S_{46} und S_{47} : X 38500

Fig. 27. Three consecutive thin sections showing true anatomical adrenergic nerve terminals (axon *1* and *2*) at the level of a contact area (*large arrowhead*) between epithelial cells of the distal tubule and the afferent arteriole which occurs at some distance from the macula densa. The end bulbs contain an anastomosing network of tubular profiles of the endoplasmic reticulum, vesicles, and a

Varikositäten von Axonbündeln und "nackte" Einzelfasern nähern sich in ihrem Verlauf entlang des Vas afferens an zahlreichen Stellen den Kapillaren und bilden "en passant"-Kontaktzonen sowohl in gefensterten als auch in nicht-gefensterten Endothelabschnitten. Der Abstand zwischen den Plasmalemmata variiert zwischen 1000 und 2000 Å. Im Spalt ist stets die Basallamina des Endothels ausgebildet. "Postsynaptische" Membrandifferenzierungen sind nicht zu beobachten. Im Axoplasma liegen dem Plasmalemm unmittelbar benachbart, eingebettet in eine feinfilamentäre Matrix, Ansammlungen agranulärer und granulärer Vesikel.

Lymphkapillaren

Axonbündel ziehen am Endothel von Lymphkapillaren entlang, und freiliegende Axonabschnitte nähern sich dem Plasmalemm bis auf einen Abstand von 200–250 Å. Unter dem Axolemm kann man in solchen Kontaktzonen häufig Vesikelansammlungen vom granulären und agranulären Typ beobachten und an der Oberfläche vermehrt Stachelsaumbläschen. Im "postsynaptischen" Bereich kommen keine auffallenden Membrandifferenzierungen vor. In der Region von Endothellücken ragen Axone häufig frei ins Kapillarlumen (Abb. 22).

6. Tracerstudien

Meerettich-Peroxydase als ein Protein niedrigen Molekulargewichts (MG 44000) und bekannter Partikelgröße (ca. 40 Å) durchdringt nach Applikation in die Blutbahn sowohl peritubuläre Kapillaren als auch den Glomerulusfilter und wird vor allem im nachfolgenden proximalen Tubulusabschnitt resorbiert (Lit. s. Graham u. Karnovsky, 1966). Der Nachweis ihrer Verteilung und intrazellulären Lokalisation erfolgt mit der sensitiven DAB-Methode, die sich durch Reaktionsprodukte hoher Elektronendichte auszeichnet. Am Nierenglomerulus ist mit der raschen und gleichmäßigen Ausbreitung der Tracersubstanz im gesamten Interzellularraum, sowie im basalen Labyrinth bis an die Zonulae occludentes der Epithelzellen proximaler und distaler Tubuluskonvolute eine deutliche Markierung der Zellgrenzen gegeben, die an Serienschnitten die Analyse von Form und Größe der Zellelemente, z. B. im Bereich der Macula densa und des Goormaghtighschen Zellpolsters, erleichtert und den Nachweis spezifischer Membranverbindungen ermöglicht. Als Objekt wurde der juxtaglomeruläre Apparat der Maus gewählt, da einerseits die am Glomerulus der Ratte erhobenen Befunde auf allgemeingültige, speziesunabhängige Merkmale überprüft werden sollten, und andererseits der Gefäßpol der Maus durch besonderen Reichtum an granulierten epitheloiden Zellen in der afferenten Arteriole und geringe Differenzierung des Polkissens gekennzeichnet ist und daher für das Studium der Membranverbindungen in diesem Bereich besonders geeignet erscheint. Zur Untersuchung wurden vor allem subkapsuläre Glomeruli herangezogen, da die Zahl der Goormaghtighschen Zellen in diesen Nierenkörperchen allgemein niedriger ist als die juxtamedullärer Glomeruli (Lit. s. Faarup, 1971).

Die Analyse von Serienschnitten bestätigt die am juxtaglomerulären Apparat der Ratte erhobenen Befunde, zahlreiche Einzelheiten können jedoch nach Tracermarkierung übersichtlichere Darstellung finden.

---

few glycogen particles (S_{46} and S_{47}: *small arrows*). Slender cytoplasmic processes of fibrocytes establish close contacts to the nerve endings. *JGZ*: granulated juxtaglomerular cell. S_{46} and S_{47}: X 38500; S_{48}: X 24000

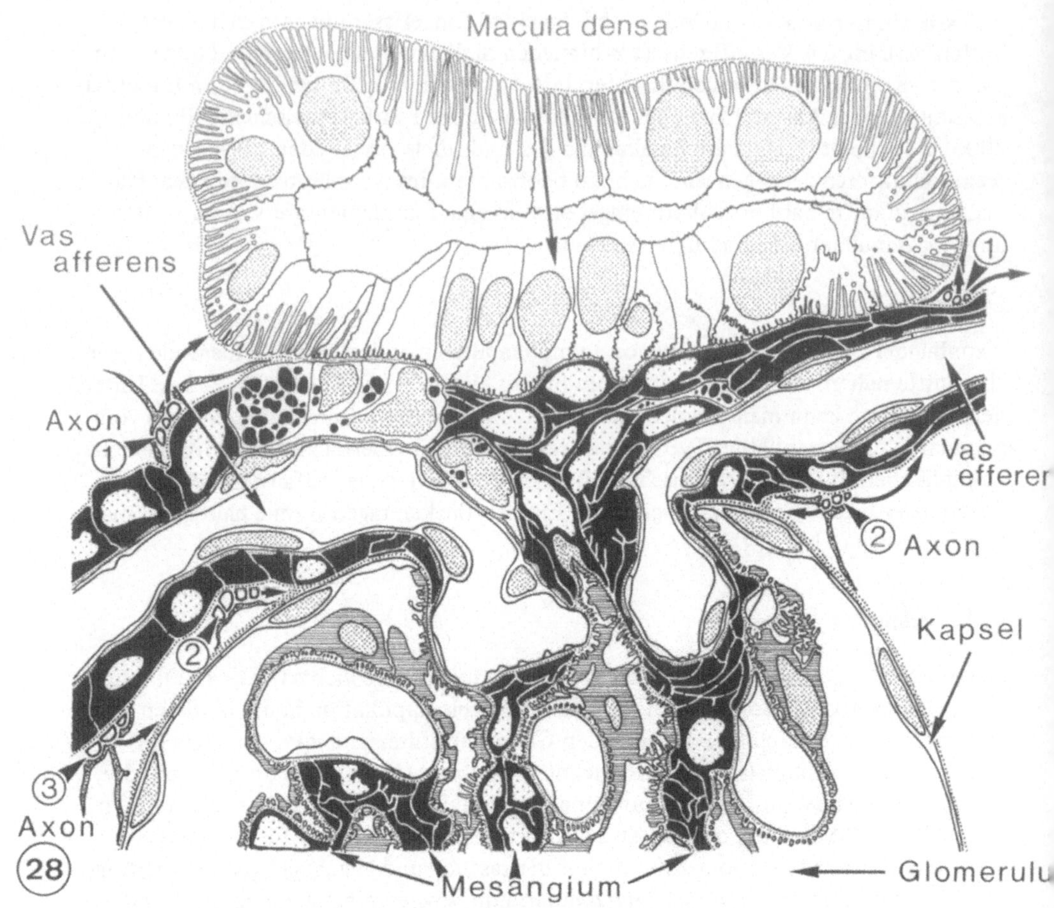

Abb. 28. Schematische Darstellung der Struktur und des Innervationsmusters des juxtaglomerulären Apparates. Typische glatte Muskelzellen in der Wand der afferenten Arteriole gehen kontinuierlich in granulierte und nicht-granulierte epitheloide Zellen, in Goormaghtighsche Zellen, in Mesangiumzellen und in modifizierte bzw. typische glatte Muskelzellen des Vas efferens über. Die Macula densa mit typischer Zelldifferenzierung ist auf die Region des Goormaghtighschen Zellpolsters beschränkt, und durch eine kontinuierliche Basalmembran von der Gefäßachse getrennt. Von den drei regelhaft im Hilusbereich nachweisbaren Axonbündeln des periarteriolären Plexus ziehen zwei beidseits der Gefäßachse zum Vas efferens (Axon *1* und *2*) und innervieren unter Ausbildung von Varikositäten "en passant" oder mit abzweigenden Einzelfasern die peripheren (intermediären) Zellen der Macula densa, die Bowmansche Kapsel und die peripheren Ausläufer der Goormaghtighschen Zellen. Ein Bündel (Axon *3*) endet meist im Winkel zwischen afferenter Gefäßwand und Glomerulusoberfläche und innerviert vor allem die Bowmansche Kapsel. X 1250

Fig. 28. A semischematic diagram of the fine structure and innervation pattern of the juxtaglomerular apparatus. Typical smooth muscle cells of the afferent arteriolar wall connect directly with granulated and nongranulated cells, these with Goormaghtigh cells, with mesangial cells, and with modified or typical smooth muscle cells of the efferent arteriole. The macula densa with typical cell differentiation is confined to the region of the Goormaghtigh's cell group and is separated from the vascular wall by a thin, continuous intervening basement membrane. From the three regularly occurring axon bundles at the level of the hilus, two run to the efferent arteriole (axon *1* and *2*), one on either side of the vascular axis. They establish close contacts to the peripherally located, intermediary cells of the macula densa, to Bowman's capsule, and to peripheral cytoplasmic processes of the Goormaghtigh cells by varicosities en passant or nerve endings of

Die Verteilung und Zahl der mit Tracer gefüllten *Oberflächenvesikel* ist in den einzelnen Zellelementen am Gefäßpol schnittbedingt und sehr variabel. Ihre Zahl nimmt in allen Zellkomponenten bei der Einmündung in den Glomerulus stark ab. In der afferenten Arteriole liegen sie im Endothel vor allem am basalen Plasmalemm, in typisch glatten Muskelzellen über die gesamte Oberfläche verteilt. Sowohl in granulierten und nicht-granulierten epitheloiden Zellen als auch in Goormaghtighschen- und Mesangiumzellen kommen sie nur sporadisch vor und können je nach Schnittebene in Zellausläufern völlig fehlen (Abb. 12, 14). Ihre Zahl nimmt am Ursprung der efferenten Arteriole, vor allem im Endothel auffallend zu. Die zahlreichen perlschnurartig aneinandergereihten Oberflächenvesikel können an Flachschnitten zur Unterscheidung zwischen Endothelzellen und glatten Muskelzellen herangezogen werden (Abb. 12, 13).

In allen Zellkomponenten kommen markierte *mikropinozytotische Transportvesikel, größere Phagozytosevesikel* und *"multivesicular bodies"* vor. Ihre Zahl ist im glomerulären Endothel, vor allem im distalen Bereich erhöht. Unterschiede in ihrer Häufigkeit können zwischen Goormaghtighschen und Mesangium bzw. epitheloiden Zellen nicht aufgezeigt werden. Quergeschnittene, fingerförmige Plasmalemmeinstülpungen nehmen im Bereich des Polkissens und Mesangiums zu (Abb. 11–13, vgl. mit Abb. 14 und 15) und täuschen je nach Schnittebene Phagozytoseaktivität in Form größerer Vesikel vor. Das Zeitintervall von 10 min nach intravenöser Injektion des Tracerproteins kennzeichnet die Mesangialzellen, deren Kontinuität mit den Goormaghtighschen Zellpolster und den epitheloiden bzw. typischen glatten Muskelzellen des Vas afferens und Vas efferens einwandfrei dargestellt werden kann (Abb. 11–16), als spezifische Komponenten der Zellpopulation des Glomerulus nicht durch vermehrte Phagozytoseaktivität (Untersuchungen über Markierung des Mesangiums nach längeren Zeitintervallen sind in Vorbereitung).

Im weitverzweigten Interzellularsystem des Polkissens ist die Zahl und Lokalisation von Kontaktzonen durch die starke Anreicherung des Reaktionsproduktes an die Basallamina leicht zu bestimmen. Im Bereich von Haftpunkten läßt sich im interzellulären Spalt zwischen den Plasmalemmata kein Reaktionsprodukt nachweisen (Abb. 12–15). Serienschnitte zeigen, daß diese Haftstellen unterschiedlicher Länge und rundlich-ovaler Form meist "gap junctions" entsprechen. Sie kommen häufig im Hilusbereich vor und nehmen an Zahl im Mesangium zu. Sie stellen die spezifischen Membranverbindungen zwischen den Zellkomponenten des Vas afferens und Vas efferens, einschließlich des intraglomerulären Mesangiums, dar.

---

single branching-off fibres. One axon bundle (axon *3*) terminates mostly in the angle between the afferent vascular wall and the glomerular surface and shows close relations to the Bowman's capsule. X 1250

IV. Diskussion

1. Morphologie des juxtaglomerulären Apparates

A. Epitheloide Zellen

a) Definition

Die Analyse von Serienschnitten hat die Vermutung zahlreicher Autoren bestätigt, daß am Gefäßpol fließende Übergänge zwischen glatten Muskelzellen, epitheloiden granulierten und nicht-granulierten Zellen, Goormaghtighschen Zellen und Mesangialzellen bestehen (Lit. s. Rouiller u. Orci, 1971; Faarup, 1971). Auf Grund ihrer Feinstruktur und der räumlichen Beziehungen handelt es sich bei den genannten Zellelementen um Komponenten der Gefäßwand, die wir als verzweigte glatte Muskelzellen (= epitheloide Zellen) zusammenfassen und von typischen glatten Muskelzellen abgrenzen. Die Aufrechthaltung der Terminologie und die Unterscheidung in verschiedene Zelltypen trägt nur ihrer Lokalisation am Nierenkörperchen Rechnung. Die epitheloiden Zellen sind am juxtaglomerulären Apparat meist auf die Gefäßabschnitte beschränkt, die entweder keine oder nur eine weit gefensterte bzw. netzartige strukturierte Elastica interna besitzen.

b) Sekretionsmodus

Den epitheloiden Zellen wird vor allem sekretorische Funktion zugesprochen, während ihre Kontraktilität und Rezeptorfunktion nur eine zweitrangige Stellung in der Diskussion einnimmt. Der Ausschleusungsmodus des in den Granula gespeicherten Sekretionsproduktes ist bis heute nicht geklärt. Unter den vermutlichen Sekretionsmechanismen wird der Modus der Emiozytose für am wahrscheinlichsten gehalten (Lit. s. Rouiller u. Orci, 1971).

Peter (1976) betrachtet die zahlreichen Plasmalemmeinfaltungen der epitheloiden Zellen als morphologisches Äquivalent eines Ausschleusungsstadiums im Ablauf der Exozytose und das feingranuläre Material in den eingesenkten Interzellularräumen als Ausdruck einer Sekretion in das Netzwerk der Basallamina.

Experimentelle Untersuchungen haben gezeigt, daß alle epitheloide Zellen, auch Goormaghtighsche Zellen und Mesangiumzellen zur Granulabildung und Speicherung befähigt sind (z. B. Dunihue u. Boldosser, 1963). Weiterhin ist bekannt, daß die Zahl der Granula sowie die der granulierten epitheloiden Zellen nicht immer mit der Plasmareninaktivität oder dem Reningehalt der Nieren korreliert sind. Nach bilateraler Adrenalektomie z. B. ist die Plasmareninaktivität vergleichsweise sehr hoch und der Reningehalt in der Niere erhöht, während der juxtaglomeruläre Apparat degranuliert erscheint (Lit. s. Peter et al., 1973; Peter et al., 1974; De Senarclens et al., 1977). Die Bildung von spezifischen Speichergranula wird nicht als notwendiger Schritt im Sekretionsablauf zwischen Synthese und Freisetzung von Renin betrachtet. Die Suche nach solchen, vom Granulationsgrad unabhängigen, den epitheloiden Zellen gemeinsamen morphologischen Merkmalen weist auf die hohe Entfaltung des rauhen ER und des Golgi-Apparates, die Abnahme des Myofilamentgehaltes und auf das zahlenmäßige Ansteigen der Plasmalemmeinfaltungen mit Stachelsaum-ähnlichen Zellmembrandifferenzierungen hin. In der reichen Entfaltung des rauhen ER und der Bildung eines flockigen, elektronendichten Materials in den Zisternen wird das morphologische Äquivalent eines extragranulären Reninpools gesehen. Nimmt man an, daß die Bildung von Granula der Inaktivierung und Speicherung des Sekretes im Zytoplasma dient, so haben wir in den Stachelsaumbläschen, die als selektive Proteintransportvesikel gelten, nicht nur eine Struktur für den intrazytoplasmatischen Transport des Sekretes oder Prosekretes vom rauhen ER zum Golgi-Apparat und vom Golgi-Apparat direkt zum Plasmalemm, sondern auch in den möglicherweise permanent vorliegenden Stachelsaum-ähnlichen Plasmalemmdifferenzierungen das morphologische Äquivalent für die Stellen, an denen die Freisetzung von spezifischen Proteinen in den Interzellularraum stattfindet. Ein solcher Sekretionsmodus, die Exozytose über "coated vesicles", wird für die Ausschleusung von Tropokollageneinheiten in Fibroblasten, Chondroblasten und Osteoblasten diskutiert, er wird jedoch auch für die Freisetzung des nicht-granulär gespeicherten Insulins der B-Zellen in der Langerhansschen Insel in Erwägung gezogen (Lit. s. Like, 1970).

Die Frage nach dem Modus der Sekretfreisetzung aus den Granula bleibt damit aber nach wie vor ungeklärt. Von Interesse sind in diesem Zusammenhang die Beobachtungen verschiedener Autoren über das gehäufte Vorkommen von Stachelsaumbläschen in Verbindung mit der Ausschleusung von Sekretgranula z. B. in endokrinen Zellen des Magen-Darm-Traktes (Lit. s. Kobayashi u. Sasagawa, 1976) oder in chromaffinen Zellen des Nebennierenmarks (Lit. s. Nagasawa u. Douglas, 1972). Geht man bei der Sekretfreisetzung in Analogie zu den Peroxisomen von einer Beziehung zum Kompartiment des endoplasmatischen Retikulums aus (Lit. s. Novikoff et al., 1973; Goeckermann u. Vigil, 1975), so finden die morphologischen Befunde sowohl der Granulafusion als auch der engen räumlichen Beziehung und gelegentlich nachweisbaren Verbindung zwischen Sekretgranula und schlauchförmigen Zisternen des ER einerseits und zwischen diesen und der Plasmamembran über Stachelsaumbläschen andererseits eine Erklärung.

Das sezernierte feingranuläre, z. T. rundlich aggregierte Material liegt zunächst zwischen Plasmalemm und Basalmembran und ist auch nur in diesem Spalt morphologisch erfaßbar. Immunhistochemische Untersuchungen haben zu klären, ob es sich bei diesem feingranulären Material um das Sekretionsprodukt Renin, oder um andere Proteine, wie z. B. Basalmembranmaterial oder Tropokollagen handelt.

c) Kontraktilität

Es steht außer Zweifel, daß sich die typisch glatten Muskelzellen des Vas afferens und die des Vas efferens kontrahieren können. Über die kontraktilen Fähigkeiten der epitheloiden Zellen liegen bisher keine Untersuchungen vor. Mit der Ausbildung und Zunahme von Zellausläufern ist die Dedifferenzierung ihres kontraktilen Apparates korreliert, der Abnahme von Myofilamenten, Verdichtungszonen ("fusiform densities") und von "attachment plaques". Diese Dedifferenzierung ist am deutlichsten in den Mesangialzellen ausgeprägt.

Für die kontraktilen Eigenschaften des Glomerulus, die an isolierten Nierenkörperchen aufgezeigt wurden (Bernik, 1969), fehlt bisher die strukturelle Zuordnung. Mit immunhistochemischen Methoden konnte sowohl in glomerulären Mesangiumzellen und glatten Muskelzellen der Glomerulusarteriolen als auch im Endothel von peritubulären Kapillaren ein Aktomyosin-ähnliches Protein dargestellt werden, während das intraglomeruläre Endothel und die Zellen der Bowmanschen Kapsel, sowie die Epithelien der tubulären Segmente keine Fluoreszenz zeigten (Becker, 1972; Becker u. Nachman, 1973). Die Intensität der Immunofluoreszenz korrespondierte mit der Verteilung und Häufigkeit von Myofilamenten im Zytoplasma der verschiedenen Zellelemente. Mesangium und extraglomeruläres Endothel wiesen vergleichbare Intensitäten auf. Becker vermutete, daß die Mesangiumzellen kontraktile Eigenschaften besitzen und damit eine bedeutende Rolle bei der Glomerulusdurchblutung spielen. Obgleich die Kontraktilität des Endothels neuerdings in Frage gestellt wird (Lit. s. Hammersen, 1976) und Trenchev et al. (1976) elektronenoptische Aktin- und Meromyosin-ähnliche Proteine mit Hilfe der indirekten Peroxydase-Antikörpertechnik nur in den basalen Abschnitten der Podozytenausläufer dargestellt haben, nehmen wir auf Grund der Kontinuität der Mesangialzellen mit der Gefäßwand des Vas afferens und Vas efferens an, daß sie als verzweigte glatte Muskelzellen kontraktile Eigenschaften besitzen. Dies steht in Einklang mit den Befunden von Accinni et al. (1975), die stärkste Anreicherung Aktin-ähnlicher Proteine mit der indirekten Ferritin-Antikörper-Technik stets im Mesangium nachweisen konnten. Vermutlich sind die epitheloiden Zellen am Gefäßpol nicht zu langanhaltender Kontraktion befähigt, Grad und Dauer sind möglicherweise mit Myofilamentgehalt und Zusammensetzung der kontraktilen Proteine korreliert. Neuere immunhistochemische und elektronenmikroskopische Untersuchungen an nicht-muskulären Zellkulturen weisen auf die Lokalisation Myosin-ähnlicher Proteine an der Zelloberfläche hin (Lit. s. Willingham et al., 1974; Ap Gwynn et al., 1974; Painter et al., 1975; Ap Gwynn, et al., 1976). Man könnte vermuten, daß der intrazelluläre Myosingehalt in den epitheloiden Zellen zugunsten eines Oberflächenpools abnimmt, der mit der Erregungsleitung und -ausbreitung in Zusammenhang steht (s. u.). Die Spezialisierung des Verzahnungsmodus und die Zunahme von Kontaktflächen geht mit dem zahlenmäßigen Ansteigen der spezifischen Membranverbindungen, den Nexus einher. Die Darstellung von Nexus am Rattenglomerulus nach Anwendung der Gefrierätztechnik, und zwar an granulierten epitheloiden Zellen, im Goormaghtighschen Zellpolster und im Mesangium (Pricam et al., 1974; Boll et al., 1975; Kühn u. Reale, 1975b; Kühn et al., 1976; Kühn et al., 1976), hat die Vorstellungen über ein funktionelles Synzytium am Gefäßpol erweitert. Aus unseren Untersuchungen an Serienschnitten geht hervor, daß Nexus an allen verzweigten glatten Muskelzellen im Bereich des juxtaglomerulären Apparates vorkommen und daß sie alle Zellformen untereinander verbinden. Ähnliche Beobachtungen liegen von Forssmann und Taugner (1977) am juxtaglomerulären Apparat des Spitzhörnchens (Tupaia belangeri) bzw. von Kriz und Taugner (1977) beim Kaninchen nach Anwendung der Gefrierätztechnik vor. Die Zellausläufer der epitheloiden Zellen bilden untereinander, mit Endothelzellen und mit typischen glatten Muskelzellen ausgedehnte Kontaktzonen, in denen meist Nexus differenziert sind, die für die elektrotonische Kopplung von Bedeutung sind (Lit. s. Bennett, 1973; McNutt u. Weinstein, 1973). Mit der Darstellung von "gap junctions" zwischen allen Komponenten der Gefäßachse ist der Nachweis eines vermutlich elektrotonisch gekoppelten Zellverbandes erbracht. Es wird vermutet, daß mit der elektrotonischen Kopplung die synchrone Kontraktion der epitheloiden Zellen gesichert wird und die Übertragung von Kontraktionswellen auf die typischen glatten Muskelzellen erfolgt. Auf Grund ihrer Form und Morphologie sind sie vermutlich für Erregungsbildung, Leitung bzw. Ausbreitung der Impulse bei Änderungen des Dehnungskoeffizienten der Gefäßwand und der physikochemischen Eigenschaften des Blutes (Hämatokrit) verantwortlich.

Mit der Koordination der Kontraktion zwischen den epitheloiden Zellen im Hilusbereich und dem Mesangium in den Stammgefäßen der Lobuli wird die Kontraktionsrate der typischen glatten Muskelzellen im Vas afferens und Vas efferens kontrolliert und die Glomerulusdurchblutung reguliert. Damit weisen die verzweigten glatten Muskelzellen alle Merkmale von "pace-maker"-Elementen analog dem Erregungsleitungssystem im Herzen auf. Schon Goormaghtigh und Handovsky (1938) machten auf die Parallelen aufmerksam und zeigten beim Hund, daß die afibrillären oder paucifibrillären Myoblasten nicht nur auf den juxtaglomerulären Apparat bzw. auf das Vas afferens beschränkt sind, sondern daß solche Zellelemente sowohl an Kapillaraufzweigungen des Vas efferens als auch in der A. interlobularis vorkommen (Lit. s. auch Faarup, 1965; Hatt, 1967; Faarup et al., 1970). Sie liegen im letzteren Fall subendothelial und bilden am Ursprung der afferenten Arteriole eine ringartige Struktur. Bei Nagern sind solche Formationen an Gefäßaufzweigungen als Intimapolster besonders hoch differenziert und treten nicht nur in der Niere (Lit. s. Fourman u. Moffat, 1961; Taggart u. Rapp, 1969; Moffat, 1970; Moffat u. Creasey, 1971), sondern auch in anderen Organen auf. Sie stellen bei diesen Formen ein allgemeines Merkmal des arteriellen Gefäßsystems dar (Lit. s. Menschik u. Dovi, 1965; Gorgas u. Böck, 1975). Die vermutlich systemhafte Verteilung in der Intima weist nicht nur auf die epitheloiden Zellen im Bereich der arterio-venösen Anastomosen (Lit. s. Hammersen u. Staubesand, 1967; Hammersen, 1968; Goodman, 1972; Gorgas et al., 1977; Böck u. Gorgas, 1977) oder auf die Perizyten im präkapillaren Bereich hin, sondern auch auf die Myofibroblast-ähnlichen Muskelzellem im elastischen Segment des Sinus caroticus (Böck u. Gorgas, 1976) und auf die glatten Muskelzellen im Endokard. Clark et al. (1934) haben am Kaninchenlöffel gezeigt, daß sich die epitheloiden Zellen in den arterio-venösen Anastomosen spontan rhythmisch unabhängig vom Pulsschlag kontrahieren. Atypische, modifizierte bzw. verzweigte glatte Muskelzellen mit aufffallend geringer Zahl an Myofilamentbündeln und Oberflächenvesikel wurden am initialen Segment der Muskulatur der ableitenden Harnwege ebenfalls als "pace-maker"-Elemente interpretiert. Sie weisen rhythmische Autokontraktilität auf und werden in ihrer Aktivität durch Dehnung beeinflußt (Lit. s. Dixon u. Gosling, 1973). Obgleich sich wahrscheinlich je nach Lokalisation organspezifische Spezialisierung dieser modifizierten glatten Muskelzellen und speziesbedingte Unterschiede nachweisen lassen, haben wir in ihnen die vaskulären Rezeptoren für die Kontrolle der lokalen Durchblutung zu suchen, die möglicherweise Untereinheiten eines einheitlichen Erregungsleitungssystems der Arterien darstellen.

Da Renin und Renin-artige, pressorisch wirksame Stoffe nicht auf die Niere beschränkt sind, sondern auch in anderen Organen, wie z. B. im Uterus, in der Plazenta, in Speicheldrüsen, Arterien oder in der Nebennierenrinde vorkommen (Lit. s. Faarup, 1971; Skeggs et al., 1974), und möglicherweise nicht nur dort gespeichert, sondern auch extrarenal gebildet werden, könnte man vermuten, daß epitheloide Zellen allgemein im gesamten Gefäßsystem die Fähigkeit zur Bildung vasopressorisch wirksamer Proteine besitzen. Faarup (1971) hat jedoch gezeigt, daß z. B. in der Glandula submaxillaris der Maus oder im Uterus des Kaninchens keine Korrelation zwischen Auftreten solcher Zellen in Gefäßen und der Lokalisation von Renin in diesen Organen aufgezeigt werden kann, und daß die epitheloiden Zellen keine Granula enthalten, obgleich dieses Kriterium, wie schon erwähnt, wenig Gültigkeit hat.

Welche Rolle das Endothel bei diesen Regelvorgängen spielt, ist bis heute nicht geklärt. Die zahlreichen myoendothelialen Verbindungen unter Ausbildung von "gap junctions" im Bereich der Hilusregion des Nierenkörperchens lassen vermuten, daß

Endothel und epitheloide Zellen ein synchrones, elektrotonisch gekoppeltes System darstellen. Zahlreiche Autoren nehmen an, daß an der Endotheloberfläche Rezeptoren für humorale Wirkstoffe lokalisiert sind, die Signale auf die glatte Muskulatur übertragen (Rhodin, 1967; Richardson u. Beaulnes, 1971; Hüttner et al., 1973).

B. Macula densa

Aus den strukturellen Beziehungen der Macula densa zum benachbarten epitheloiden Zellpolster über eine einfache Besalmembran und ihrer spezifischen Ausformung als Komponente des distalen Tubuluskonvoluts sind zahlreiche Hypothesen zur Klärung ihrer funktionellen Bedeutung abgeleitet worden. Okkels (1950) schrieb der Macula densa z. B. eine sekretorisch endokrine Funktion zu, während andere Autoren in ihr einen Osmorezeptor (Gross et al., 1964) bzw. einen Chemorezeptor, im besonderen einen "Natriumfühler" vermuteten (Thurau u. Schnermann, 1965; Thurau et al., 1967, Meyer, 1972). Die tatsächliche Funktion der Macula densa ist bis heute nicht geklärt, und die Vermutungen Goormaghtighs (1937) sind nocht nicht widerlegt "le groupe des cellules épithéliales ici aura la valeur d'une plaque sensorielle placée en aval des segments fonctionels les plus importants du nephron: d'où la possibilité d'un réglage automatique de la circulation glomérulaire commandé soit par l'état de vacuité ou de plénitude du segment intercalaire soit par l'état physicochémique del'urine qui y passe".

Nimmt man an, daß die modifizierten glatten Muskelzellen des juxtaglomerulären Apparates hochdifferenzierte Dehnungsrezeptoren darstellen (Lit. s. auch Tobian, 1960, 1967) und für die Nephron-Automatie von hervorragender Bedeutung sind, so könnten geringste, vom Mittelwert abweichende Volumen- und Druckschwankungen sowohl im Gefäßsystem als auch im distalen Tubuluskonvolut direkt über Nexus in glomerulären Arteriolen Kontraktion oder Dilation der typisch glatten Muskelzellen bewirken und die Reninfreisetzung beeinflussen. In Analogie zu den epitheloiden Zellen weisen die Macula densa-Zellen zahlreiche Merkmale auf, die sie in Anlehnung an Goormaghtigh (1937) ebenfalls als Dehnungsrezeptoren kennzeichnen. Mit der Reduktion des basalen Labyrinths ist nicht nur eine einheitliche, eng verzahnte Kontaktfläche ausgebildet, sondern es sind durch Verringerung der Zahl der Filamentbündel im Zytoplasma möglicherweise auch die kontraktilen bzw. mechanisch stabilisierenden Fähigkeiten herabgesetzt. Weiterhin ist der Zellkontakt im Verband durch zahlreiche Mikrovilli an den lateralen Zelloberflächen erhöht. So könnten Abweichungen vom normalen Dehungsgrad der Wand sowohl im distalen Tubulus als auch im Glomerulusknäuel über Membranverbindungen weitergeleitet werden, und in benachbarten Zellen des distalen Tubuluskonvolutes Sekretfreisetzung bzw. Permeabilitätsänderungen bewirken.

Von großer Bedeutung ist in diesem Zusammenhang der immunhistochemische Nachweis von Kallikrein im distalen Tubulus der Ratte, und zwar im Abschnitt zwischen Gefäßpol des Nierenkörperchens und Sammelrohr (Ørstavik et al., 1976). Die spezifische Fluoreszenz ist besonders deutlich in den apikalen Zellabschnitten. Die Autoren nehmen an, daß Kallikrein sowohl ins Lumen des distalen Tubulus als auch ins Interstitium freigesetzt wird und tubuläre Permeabilität reguliert bzw. im Interstitium Durchblutung und Membranpermeabilität beeinflußt. Damit gewinnt der juxtaglomeruläre Apparat mit dem Gefäßabschnitt der afferenten Arteriole, dem zum

Nephron gehörigen distalen Tubuluskonvolut und den peritubulären Kapillaren eine große funktionelle Bedeutung. Er ist nicht nur Syntheseort von Renin, sondern vermutlich auch von Kallikrein, von zwei proteolytischen Fermenten, die teilweise entgegengesetzte Wirkung haben. Das Verteilungsmuster der Kallikrein-positiven Zellen im distalen Tubuluskonvolut läßt an die Schaltzellen ("intercalated cells") denken, die von zahlreichen Autoren auf Grund ihrer Morphologie als sekretorische Elemente angesehen werden (Lit. s. Griffith et al., 1968). Sie zeichnen sich gegenüber den benachbarten unspezifischen Epithelzellen durch Vesikelansammlungen, spezialisierte Glykokalyx und nur gering differenziertes basales Labyrinth aus. Auf Grund der Parallelen zwischen granulierten epitheloiden und Goormaghtighschen Zellen in der Gefäßwand einerseits und zwischen Macula densa-Zellen und Schaltzellen ("intercalated cells") bzw. intermediären Zellen in der Wand des distalen Tubulus andererseits könnte man vermuten, daß Macula densa und Polkissen als Funktionseinheit einen komplexen Dehnungsrezeptor darstellen, der – eingeschaltet in die Wand zweier flüssigkeitserfüllter Systeme mit entgegensetzter Strömungseinrichung – synergistisch Automatie und tubulo-glomeruläre Balance der Einzelnephrone steuert und die Freisetzung von Renin und Kallikrein kontrolliert.

Besondere Aufmerksamkeit verdienen die Kontaktstellen des Tubulussegmentes an das Vas afferens, die meist am Gefäßpol unabhängig von der Macula densa auftreten. Sie zeichnen sich häufig durch direkte Beziehungen zwischen granulierten epitheloiden und intermediären Zellen bzw. Schaltzellen ("intercalated cells") aus.

2. Innervation des juxtaglomerulären Apparates

A. Fluoreszenzmikroskopische Befunde

Über die Verteilung und Anordnung der adrenergen Gefäßnerven in der Rattenniere unter normalen und experimentellen Bedingungen liegen zahlreiche fluoreszenzhistochemische Untersuchungen vor (Nilsson, 1965; Doležel, 1966, 1967; Zussmann, 1967; Munkacsi, 1969; Norvell, 1969; Wågermark et al., 1968; Daneo-Sisto u. Muti, 1969; Henningsen, 1969, Léránth et al., 1969; Munkacsi u. Newstead, 1969; Fourman, 1970; Ljungqvist, 1970; Ljungqvist u. Wågermark, 1970; Doležel et al., 1970; Daneo-Sisto u. Guglielmone, 1971, Ljungqvist u. Ungerstedt, 1972; Silverman u. Barajas, 1974; Barajas u. Wang, 1975; Doležel et al., 1976; Barajas et al., 1976).

Die adrenerge Innervation des juxtaglomerulären Apparates, vor allem die der afferenten Arteriolen fand häufig besondere Berücksichtigung, da man in den morphologischen Beziehungen zwischen fluoreszierenden Axonen und granulierten epitheloiden Zellen eine Korrelation zu den experimentellen Befunden einer direkten Einflußnahme sympathischer Nerven bei der Reninfreisetzung sah. Mit dem Nachweis adrenerger Axone auch im Bereich der efferenten Arteriole (Munkacsi u. Newstead, 1969; Doležel et al., 1970; Ljungqvist u. Wågermark, 1970; Daneo-Sisto u. Guglielmone, 1971; Doležel et al., 1976) und der Darstellung eines einheitlichen Verteilungsmusters der sympathischen Nervenfasern am Glomerulus bei Säugern, eines periarteriolären Plexus, der entlang der afferenten Arteriole bis zum Vas efferens zieht (Munkacsi, 1969; Ljungqvist u. Wagermark, 1970; Doležel et al., 1976), ist eine nervöse Kontrolle in die Steuerungsvorgänge zur Autoregulation der Glomerulusdurchblutung und des Glomerulusfiltrates nicht auszuschließen.

Unter den aufgeführten fluoreszenzhistochemischen Studien machen nur wenige Autoren auf peritubuläre adrenerge Axone im Bereich glomerulärer Arteriolen und des Gefäßpols aufmerksam, die sich benachbarten Tubulussegmenten anlagern oder vereinzelt zwischen diesen verlaufen (Daneo-Sisto u. Muti, 1969; Daneo-Sisto u. Guglielmone, 1971; Müller u. Barajas, 1972; Silberman u. Barajas, 1974), obgleich eine Reihe elektronenmikroskopischer Untersuchungen über Nervenendigungen an der Basalmembran von Epithelzellen tubulärer Komponenten in der Region des juxtaglomerulären Apparates bzw. an der Macula densa berichten (Hartroft, 1966; Barajas, 1972; Müller u. Barajas, 1972; Zimmermann, 1971, 1972; Barajas u. Müller, 1973; Barajas et al., 1974; Barajas et al., 1976; Barajas et al., 1976).

Analoge Verhältnisse zeichnen sich mit dem Nachweis adrenerger Axone an der Bowmanschen Kapsel und am Goormaghtighschen Zellpolster ab. Daneo-Sisto et al. (1969, 1971) erwähnen periglomeruläre fluoreszierende Fasern, die entlang der Bowmanschen Kapsel meridional bis zum Harnpol ziehen und Doležel et al. (1976) adrenerge Axone, die an der Peripherie des Polkissens zur efferenten Arteriole ziehen. Elektronenoptische Studien über Varikositäten an der Bowmanschen Kapsel bzw. an peripheren Goormaghtighschen Zellen liegen von Léránth et al. (1969), Zimmermann (1972), Zimmermann und Boseck (1972) und Robertson (1974) bzw. von Barajas und Müller (1973) vor.

Die unterschiedlichen, sich zum Teil widersprechenden Befunde zur Innervation des Vas efferens und der tubulären Abschnitte im Bereich des juxtaglomerulären Apparates sind vermutlich weniger auf Speziesunterschiede zurückzuführen als vielmehr auf unzureichende Untersuchungsmethoden. Die Analyse beschränkte sich in vielen Fällen auf Beobachtungen an Einzelschnitten, und Kontrollen wurden an gefärbten Schnitten meist nicht durchgeführt.

Die Fluoreszenzintensität ist in postganglionären Fasern weitgehend von der Katecholaminkonzentration im zytoplasmatischen Pool und im granulären Kompartiment abhängig. Sowohl unterschiedlicher Noradrenalingehalt in adrenergen Nervenfasern per se als auch partielle Freisetzung der Katecholamine während der Präparation könnten Erklärung für die oft unzureichende Darstellung fluoreszierender Axone, selbst an größeren Gefäßquerschnitten sein. Da adrenerge Nervenfasern nicht nur exogene Vorläufersubstanzen, sondern auch Noradrenalin an der gesamten Oberfläche in Millisekunden aufnehmen und vesikulär speichern (Lit. s. Iversen, 1971; Burnstock u. Costa, 1975), führt eine in vitro-Inkubation des Gewebes in Noradrenalin-haltiger Lösung zur Erhöhung der Fluoreszenzintensität in den Axonen und ist Voraussetzung für die optimale Darstellung der adrenergen Fasern am Gefäßpol (McKenna u. Angelakos, 1968; Munkacsi, 1969, Fourman, 1970). Die Untersuchungen haben gezeigt, daß die in vitro-Inkubation für den fluoreszenzmikroskopischen Nachweis von Einzelfasern erforderlich ist, da ihre intervarikösen Segmente normalerweise an Querschnitten auf Grund der geringen Fluoreszenz und des geringen Kalibers nicht erfaßt werden können.

Mit der Verwendung von Semidünnschnittserien und ihrer anschließenden Färbung wird nicht nur der exakten Lokalisation der adrenergen Axone und ihrer echten terminalen Abschnitte Rechnung getragen – geringe Schnittdicke, geringe Überstrahlungseffekte und hohe Auflösung –, sondern auch ihrer Zuordnung zum jeweiligen periarteriolären Plexus.

Die vorliegenden Befunde bestätigen die reiche adrenerge Innervation der glomerulären Arteriolen, das einheitliche Verteilungsmuster des periarteriolären Plexus, der an der Glomerulusoberfläche entlang der Gefäßachse zum Vas efferens zieht und häufig erst im Bereich der postglomerulären Kapillaraufzweigung endet. Die efferenten Gefäße der subkapsulären Nierenkörperchen besitzen ein auffallend gering ausgebildetes Fasernetz. Vom periarteriolären Endgeflecht werden in der Rinde benachbarte, vor allem distale Tubulusanteile sowohl durch direkten "en passant"-Kontakt oder durch abgehende Einzelfasern innerviert. Letztere ziehen gelegentlich über größere Endstrecken zwischen die Tubuli. Unsere Beobachtungen am juxtaglomerulären Apparat der Ratte stimmen weitgehend mit den Befunden von Müller und Barajas (1972) an Nieren von Makaken überein.

Die peripheren Zellen der Macula densa und des Goormaghtighschen Zellpolsters werden ebenfalls über die meist beidseits der Gefäßachse verlaufenden und abzweigenden Einzelfasern innerviert. Dies steht im Gegensatz zu Hinweisen über eine fehlende Innervation dieser Komponenten (Gomba et al., 1969). Eine von Gefäßen unabhängige peritubuläre Nervenversorgung (Daneo-Sisto u. Guglielmone, 1971) konnte in der Rinde an Serienschnitten nicht aufgezeigt werden. Adrenerge Axone dringen weder in das glomeruläre Kapillarknäuel bzw. in das Goormaghtighsche Zellpolster noch zwischen Macula densa und Goormaghtighsche Zellen vor. In der Hilusregion des Glomerulus begleiten Einzelfasern das Vas afferens bis direkt an die Einmündung und täuschen schnittbedingt manchmal ein Eindringen in die Stammgefäße der glomerulären Lobuli bzw. in das Polkissen vor.

Vom periarteriolären Fasernetz werden "en passant" und durch Einzelfasern auch die Bowmansche Kapsel und peritubuläre Gefäße innerviert. Die terminalen Fasern, die sich vor allem im Hilusbereich des Vas afferens auf der Glomerulusoberfläche ausbreiten, können niemals bis an den Harnpol nachgewiesen werden. Sie enden meist direkt am Gefäßpol. Die vorliegenden, an Semidünnschnittserien erhobenen Beobachtungen zur adrenergen Innervation des juxtaglomerulären Apparates der Ratte bestätigen zahlreiche lichtoptische Befunde (z. B. Innervation benachbarter Tubuli und Gefäße, ebenso wie die der Bowmanschen Kapsel und der Peripherie des Goormaghtighschen Zellpolsters), denen nach Anwendung der als wenig spezifisch erachteten klassischen Silberimprägnierungsmethoden oder Methylenblaufärbungen (Lit. s. Mitchell, 1950, 1951; Knoche, 1950, 1951; Maillet, 1960; Schwalew, 1963) nur geringe Aufmerksamkeit geschenkt wurde.

B. Elektronenoptische Befunde

In der vorliegenden Untersuchung konnte der direkte Nachweis der ausschließlich adrenergen Innervation des juxtaglomerulären Apparates der Ratte erbracht werden (Fluoreszenzmikroskopie in Kombination mit elektronenoptischer Analyse an Folgeschnitten). Unsere Beobachtungen an Dünnschnittserien, die auf das konstante Vorkommen von "dense core"-Vesikeln in allen Nervenendigungen im Bereich des juxtaglomerulären Apparates und eines stets identischen Verteilungsmusters der Axone aufmerksam machen, sichern diesen Befund indirekt weiter ab und bestätigen die an Dünnschnittserien erhobenen Ergebnisse von Barajas und Müller (1973). Sie stimmen auch mit den Befunden von Barajas et al. (1975, 1976) überein, daß es sich bei den im Bereich des juxtaglomerulären Apparates als cholinerg klassifizierten Axonen (Lit. s. McKenna u. Angelakos, 1968; Gosling, 1969; Weitsen, 1969; Müller u. Barajas, 1972) um adrenerge Fasern handelt.

Unter Berücksichtigung der adrenergen Axongruppen, die mit Epithel-, Endothel- und glatten bzw. epitheloiden Muskelzellen ausgedehnte Kontaktzonen bilden, erhebt sich die Frage nach der funktionellen Bedeutung der multiaxonalen Verbindung im Effektorgebiet ("multiaxonal junctions" nach Rogers u. Burnstock, 1966). Obgleich ein Teil der Fasern in einem Bündel des Endgeflechts zum gleichen Neuron gehört, muß eine Zuordnung zu verschiedenen Perikaryen in Betracht gezogen werden. Vermutlich ist nicht nur der Turnover von Noradrenalin in den einzelnen Fasern und die Bildung- bzw. Transportrate in den Perikaryen unterschiedlich, sondern auch die intraneuronale quantitative Zusammensetzung biogener Amine. Das Vorkommen einzelner dopaminerger Neurone kann nicht ausgeschlossen werden, da einerseits nach Anwendung der sensitiven Fluoreszenzmethode zum Katecholaminnachweis der Gehalt an Dopamin und Noradrenalin auf Grund der ähnlichen Emissionsspektren nur mit mikrofluorometrischen Analysen bestimmt werden kann und solche Untersuchungen bisher an peripheren Nerven nicht vorliegen, und andererseits Dopamin in peripheren sympathischen Fasern in kleineren Mengen darstellbar ist (Lit. s. Snider et al., 1973). Solche Fasern, bzw. der Gehalt an Dopamin in renalen adrenergen Nervenfasern und ihre selektive Aufnahmekapazität für diesen Transmitter wären von großer funktioneller Bedeutung, da Dopamin bei der Freisetzung von Noradrenalin im Bereich neuromuskulärer Effektorzonen inhibitorisch wirksam wird (Stjärne u. Brundin, 1975) und bekanntlich im renalen Gefäßsystem Vasodilatation mit Durchblutungssteigerung vor allem in der juxtamedullären Rindenschicht und im Nierenmark bewirkt (Lit. s. Goldberg, 1972, 1975; Augustin et al., 1977).

a) Morphologie der adrenergen Axone

In den Varikositäten der adrenergen Fasern ist die Klassifikation der Vesikelpopulationen außerordentlich schwierig, da die zu ihrer Unterscheidung herangezogenen morphologischen Parameter – Größe und Elektronendichte –, großen Schwankungen unterliegen. An Serienschnitten zeigt sich, daß eigentlich nur zwei Granulatypen, kleine und große Partikel, bestimmt werden können, deren Matrix in Elektronendichte und Struktur auffallend variiert. Unterschiede in der Elektronendichte des "Core" sind von der Fixierung abhängig und nur bei geeigneter Präparation semiquantitativ zum Noradrenalingehalt korreliert (Lit. s. Burnstock u. Costa, 1975).

In den Varikositäten liegen die Vesikelansammlungen eingebettet in das reich entfaltete axonale endoplasmatische Retikulum, dessen Differenzierung und mengenmäßige Verteilung in den terminalen Axonabschnitten sehr unterschiedlich ausgeprägt sind. Die tubulären Profile bilden ein dichtes dreidimensionales Netzwerk, das besonders deutlich in echten terminalen Axonabschnitten hervortritt, da diese häufig relativ wenig Vesikel enthalten. Sie treten im Querschnitt als Vesikel in der Größenordnung zwischen 250 und 450 Å in Erscheinung und können an Einzelschnitten leicht mit Neurotubuli und agranulären Vesikeln verwechselt werden. In den intervarikösen Segmenten verlaufen die tubulären Elemente meist parallel zu den Neurotubuli und sind von diesen nur durch Fehlen eines Zentralfilamentes zu unterscheiden.

In peripheren adrenergen Nervendigungen werden die kleinen und großen granulären Vesikel als die morphologischen Strukturen angesehen, in denen Noradrenalin gespeichert wird (Lit. s. Bisby u. Fillenz, 1971; Burnstock u. Costa, 1975), obgleich ein nicht unwesentlicher Anteil nicht-vesikulär, "frei" bzw. gebunden im axoplasmatischen Pool vorliegt. Als Speicherort für extravesikuläres Noradrenalin wird ein drittes Kompartiment das tubuläre axonale ER in Betracht gezogen (Lit. s. Eränkö, 1972; Hökfelt, 1973; Richards u. Tranzer, 1975). Unsere Befunde stützen diese Vermutungen, da intervariköse Segmente großkalibriger Axone (auch ohne vorausgeschaltete in vitro-Inkubation in Noradrenalin-haltiger Lösung) trotz häufig fehlender Vesikel geringe Fluoreszenzintensität aufweisen und Varikositäten echter terminaler Abschnitte trotz hoher Fluoreszenzintensität relativ wenig Vesikel enthalten. Von Interesse sind in diesem Zusammenhang die Beobachtungen von Dixon und Gosling (1976) am Ductus deferens der Ratte während der frühen postnatalen Entwicklung. Sie weisen ebenfalls auf eine Speicherung von Katecholaminen im tubulären axonalen ER hin, da im Axoplasma Katecholamin-spezifische Fluorophore feinstrukturell mit einem hochentwickelten System tubulärer Profile des glatten endoplasmatischen Retikulums korreliert sind. Vesikel liegen zu diesem Zeitpunkt der Entwicklungsphase im Axon noch nicht vor.

Nimmt man an, daß Transmitter (z. B. Katecholamine) und Kotransmitter (z. B. Dopamin-β-Hydroxylase) durch Exozytose der granulären Vesikel freigesetzt werden (Lit. s. Axelrod, 1972 Burnstock u. Costa, 1975), müssen Vesikel kontinuierlich neu gebildet werden. Dies soll einerseits im Perikaryon erfolgen, die Vesikel werden über den "axonal flow" zu den Nervenendigungen transportiert (Lit. s. Dahlström, 1971) und andererseits in den Varikositäten. Der Modus der lokalen Vesikelbildung ist nicht abgeklärt und verschiedene Axoplasmakompartimente werden in den Mechanismus einbezogen (Lit. s. Burnstock u. Costa, 1975). Unsere Befunde an Serienschnitten stützen die Vermutungen zahlreicher Autoren (Lit. s. Tranzer, 1972; Bunge, 1973; Hökfelt, 1973; Holtzmann et al., 1973; Teichberg u. Holtzman, 1973), daß die spezifischen granulären Vesikel durch Absprossung aus Zisternen des axonalen ER entstehen, obgleich nicht ausgeschlossen werden kann, daß auch andere Mechanismen bei der Synthese der Vesikel eine Rolle spielen, wie z. B. Endozytosevorgänge in Verbindung mit Aufnahme und Speicherung exogener Katecholamine oder freigesetzter Transmitter. Unsere Beobachtungen bestätigen jedoch nicht den Modus der Vesikelbildung über Neurotubuli (Lit. s. Pelegrino de Iraldi u. de Robertis, 1968, 1970; Machado, 1971). Sie stellen konstante Organellen des Axoplasmas dar, die in Zahl und Morphologie im gesamten terminalen Axonverlauf keine Veränderungen aufweisen. Sie liegen in Varikositäten häufig an der Peripherie in unmittelbarer Nachbarschaft von Mitochondrien, und zeigen meist keine engen räumlichen Beziehungen zu Vesikelansammlungen, eher zum tubulär organisierten ER. Die Funktion der Neurotubuli ist bis heute nicht geklärt. Man vermutet, daß sie eine bedeutende Rolle im Rahmen des "axonal flow" spielen (Dahlström, 1971). Lokale Gaben von Alkaloiden, wie Cholchicin, Vinblastin und Cytochalasin B, führen nicht nur zur Depolymerisation von Mikrotubuli und Filamenten im Axoplasma, sondern hemmen auch den Transport von Proteinen und "dense core"-Vesikeln (Lit. s. Hökfelt u. Dahlström, 1971) und verhindern die Freisetzung von Noradrenalin und Dopamin-β-Hydroxylase nach Stimulierung der Nerven. In diesem Zusammenhang wurde den Neurotubuli auch eine Rolle beim Exozytosevorgang von Transmittern im Rahmen eines Kalzium-abhängigen kontraktilen Mechanismus zugeschrieben (Lit. s. Axelrod, 1972).

b) Neuroeffektorzonen

Die neuroepithelialen und neuroendothelialen Kontaktzonen weisen in ihrer morphologischen Ausformung strukturelle Übereinstimmungen mit den neuromuskulären Verbindungen auf, die im Bereich des juxtaglomerulären Apparates an der Rattenniere mehrfach beschrieben wurden (Lit. s. Barajas, 1964; Hartroft, 1966; Rojo-Hortega et al., 1968; Léránth et al., 1969; Barajas u. Müller, 1973; Dieterich, 1974). Sowohl der Abstand zwischen Nervenendigungen und Erfolgszellen als auch die Differenzierung des Axoplasmas mit "präsynaptischen" granulären und agranulären Vesikelanhäufungen weichen nicht von der Norm des für autonome Neuroeffektorverbindungen aufgezeigten charakteristischen Ausbildungsgrades ab (Lit. s. Somlyo u. Somlyo, 1968; Burnstock et al., 1970; Burnstock u. Iwayama, 1971; Burnstock, 1975). Vom morphologischen Standpunkt scheint die Annahme berechtigt, die beobachteten Kontaktzonen als "synapsen-ähnliche" Neuroeffektorverbindungen zu betrachten.

Neuroepitheliale Kontaktverbindungen werden unter den zahlreichen elektronenoptischen Untersuchungen über die Innervation des juxtaglomerulären Apparates, wie schon erwähnt, nur selten aufgezeigt. Unsere Befunde über Axonkontakte an der Basalmembran proximaler und distaler Tubulusepithelien stimmen mit den Beobachtungen von Barajas et al. (1972–1976) überein. Die Ergebnisse von Zimmermann (1971, 1972) über eine direkte Tubulusinnervation an fetalen Nachnieren des Menschen können für die adulte Rattenniere nicht bestätigt werden.

Über die funktionelle Bedeutung der synaptischen Innervation von Tubulusabschnitten und peripheren Zellen der Macula densa ist bisher nichts bekannt. Die "postsynaptischen" Differenzierungen in basalen Zytoplasmakompartimenten des distalen Tubuluskonvoluts in Form von Ansammlungen vesikulärer und filamentärer Strukturen weisen darauf hin, daß die adrenergen Fasern im Rahmen eines kontraktilen Mechanismus möglicherweise den Wandtonus der tubulären Segmente modifizieren und damit die Regulation zur Stabilisierung des intraluminalen Drucks beeinflussen.

Beschreibungen über Axon-Endothel-Kontakte liegen bisher nur von Zimmermann (1972) an Endarteriolen fetaler Nachnieren des Menschen vor. Der Autor weist auf die spezifische Lokalisation der Fasern innerhalb der Basalmembran an der Basis der Endothelzellen hin. Eine direkte Innervation des Endothels konnte im gesamten Bereich des juxtaglomerulären Apparates auch nach eingehender Analyse aller Schnittserien nicht nachgewiesen werden. Im Neuroeffektorgebiet umgibt die Basallamina kontinuierlich das Endothel. Die Befunde zahlreicher Autoren (Lit. s. Dieterich, 1974) über das Fehlen eines für peritubuläre Kapillaren spezifischen und eigenen Nervenplexus können bestätigt werden.

Unter der Voraussetzung, daß das Endothel selbst keine autonome Fähigkeit zur Kontraktion besitzt (Lit. s. Hammersen, 1976), oder vergleichsweise einen nur geringen zytoplasmatischen Pool an Myosin enthält (Lit. s. Blose u. Chacko, 1975), könnte lokale Freisetzung von Noradrenalin, Dopamin und ATP einerseits Permeabilitätsänderungen hervorrufen, die den Stoffaustausch transendothelial und über die stets durch Diaphragmen überbrückten Poren beeinflussen, oder andererseits über Membranverbindungen und elektrotonische Koppelung Kontraktion und Dilatation in proximal gelegenen Gefäßwandelementen bewirken.

Da die Kontraktilität des Endothels von Lymphgefäßen ebenfalls immer noch in Frage gestellt wird (Lit. s. Lauweryns et al., 1975, 1976), haben wir die "en passant"-Axon-Endothel-Kontakte an Lymphkapillaren unter ähnlichen Gesichtspunkten zu betrachten. Die Lymphkapillaren besitzen keine kontinuierliche Basallamina und der intrazelluläre Spalt im Bereich des Neuroeffektorgebietes ist nur 250–300 Å breit. In der Region von Endothellücken ragen Vesikelansammlungen nur vom Axolemm begrenzt direkt ins Lumen der Kapillaren. Die funktionelle Bedeutung dieser neuroendothelialen Kontaktverbindung ist schwer abzuschätzen.

Im Bereich des juxtaglomerulären Apparates der Ratte kommen adrenerge Axone nicht nur ausschließlich in unmittelbarer Nachbarschaft der prä- und postglomerulären Arteriolen vor, sondern Neuroeffektorverbindungen können sowohl an Goormaghtighschen Zellen, an peripheren Zellen der Macula densa, an Epithelzellen benachbarter proximaler und distaler Tubuluskonvolute, als auch an der Bowmanschen Kapsel und an Endothelien von Blut- und Lymphkapillaren nachgewiesen werden. Der juxtaglomeruläre Apparat stellt eine komplexe Funktionseinheit des Nephrons dar, der mit der sympathischen Innervation seiner Komponenten eine Sonderstellung unter den Strukturelementen des Nierenparenchyms einnimmt. Da die benachbarten tubulären Segmente und peritubulären Blutgefäße wenigstens in der kortikalen Rindenzone wahrscheinlich ein- und demselben Nephron zugehören, ist die Kenntnis über das Verteilungsmuster der Nervenfasern für das Verständnis der Funktion von großer Bedeutung. Sowohl durch "en passant"-Kontakte des periarteriolären Plexus als auch durch abzweigende Einzelaxone werden nervöse Reize durch die kettenartig hintereinandergeschalteten Varikositäten auf Gefäßwand und benachbarte Strukturen gestaffelt und synchron übertragen. Die Befunde weisen darauf hin, daß das sympathische Nervensystem nicht nur direkt Renin- und Kallikreinfreisetzung beeinflußt, sondern damit auch koordinierend in die Autoregulation des Einzelnephrons eingreift.

3. Interstitium und Lymphkapillaren

Über die interstitiellen Zellen, die sich zwischen den Endformationen des autonomen Nervensystems ausbreiten, liegen seit ihrer Erstbeschreibung durch Cajal zahlreiche lichtoptische Untersuchungen vor, die jedoch weder ihre Herkunft noch Funktion klären konnten (Lit. s. Knoche, 1950, 1951). Unsere Beobachtungen bestätigen z. T. die lichtoptischen Befunde der engen histotopographischen Beziehungen zwischen Fibroblasten und Schwannschen Zellen. Selbst ultrastrukturelle Kriterien, die zur Kennzeichnung dieser Zellelemente normalerweise herangezogen werden können – wie Basallamina und Zytoplasmadifferenzierung (Zisternen des rauhen ER, Ribosomen, Mitochondrien) –, reichen im Bereich des Gefäßpols an Einzelschnitten häufig nicht zur Unterscheidung aus. Beide Zelltypen bilden langgestreckte Ausläufer, die eine Basallaminaumhüllung vermissen lassen und enge Beziehungen zu Axonbündeln und freien bzw. "nackten" Fasern aufweisen. Der relativ hohe Gehalt an Mikrotubuli ist für die Fortsätze von Schwannschen Zellen charakteristisch, während die der Fibroblasten vermehrt Filamentbündel besitzen. Letztere strahlen in "attachment zones" ein und kommen gehäuft im Bereich Nexus-artiger Kontaktzonen vor, die sowohl zwischen Ausläufern benachbarter Fibroblasten als auch zwischen solchen und Schwannschen Zellen bzw. Goormaghtighschen Zellen nachgewiesen werden können. Nexusartige Membranverbindungen sind in der glatten Muskulatur von Säugetieren zwischen Muskelzellen und Fibroblasten erstmalig von Gabella (1976) beschrieben worden, und zwar in der Taenia coli des Meerschweinchens. Die spezifischen Membranverbindungen der Fibroblastfortsätze mit peripheren Ausläufern der Goormaghtighschen Zellen und ihr Kontakt zu adrenergen Varikositäten weisen darauf hin, daß das dreidimensionale Netzwerk der interstitiellen Zellen mit der Gefäßachse im Bereich des Goormaghtighschen Zellpolsters elektrotonisch gekoppelt ist und daß das sympathische Endgeflecht möglicherweise den Lymphabfluß modulierend beeinflußt.

In der vorliegenden Untersuchung wurde erstmalig eine direkte Kontinuität zwischen "Lymphspalten" und Lumen einer Lymphkapillare im Bereich des juxtaglomerulären Apparates (Vas afferens – granulierte epitheloide Zellen) dargestellt. Auf Grund der fehlenden Polarität der granulierten epitheloiden Zellen und auf Grund des hohen Differenzierungsgrades der "tight junctions" im Endothel des Vas afferens (Forssmann u. Taugner, 1977) wird Renin vermutlich weniger in die afferente Arteriole als vielmehr ins Interstitium freigesetzt. Da die renale Lymphe hohe Reninkonzentrationen aufweist (Lit. s. Hosie et al., 1970), hohe Kallikreinwerte während der Kochsalzinfusion enthält (Lit. s. de Bono u. Mills, 1974) und auch die Reninaktivität im Interstitium relativ hoch ist (Lit. Morgan u. Davis, 1975), kommt dem Bindegewebsraum am juxtaglomerulären Apparat als dem initialen Segment des lymphatischen Drainagesystems eine hervorragende funktionelle Bedeutung im Renin-Angiotensin- bzw. Kallikrein-Kinin-System und der homoiostatischen Regulation zu.

Zusammenfassung

Struktur und Innervation des juxtaglomerulären Apparates werden an Hand von Semidünn- und Dünnschnittserien licht- und elektronenoptisch untersucht.

Am Gefäßpol des Nierenkörperchens stehen typische glatte Muskelzellen, granulierte und nicht-granulierte epitheloide Zellen, Goormaghtighsche Zellen und Mesangialzellen untereinander in direkter Verbindung. Auf Grund ihrer Feinstruktur, der räumlichen Beziehungen und der zahlreichen fließenden Übergangsformen werden die genannten Komponenten der Gefäßwand als verzweigte glatte Muskelzellen (= epitheloide Zellen) zusammengefaßt und von den typischen glatten Muskelzellen der glomerulären Arteriolen abgegrenzt. Neben zahlreichen Ausläufern besitzen die modifizierten glatten Muskelzellen zahlreiche Plasmalemmeinfaltungen, die Stachelsaum-ähnliche Membrandifferenzierungen aufweisen. In den schlauchförmigen Einsenkungen granulierter epitheloider Zellen liegt häufig Basallamina-artiges, partikulär aggregiertes Material. Der Mechanismus der Sekretabgabe wird diskutiert und der Sekretionsmodus über Stachelsaumbläschen erörtert.

Nach Markierung der interzellulären Räume mit Meerrettich-Peroxydase lassen sich zwischen allen Zellelementen der Gefäßwand "gap junctions" nachweisen. Die funktionelle Bedeutung eines elektrotonisch gekoppelten Zellverbandes und die Rolle der epitheloiden Zellen als Dehnungsrezeptoren bzw. "pace-maker"-Elementen werden im Rahmen der Autoregulation des Nephrons diskutiert.

Die Macula densa mit typischer Zelldifferenzierung ist auf die Region des Goormaghtighschen Zellpolsters beschränkt. Die Peripherie bilden Epithelzellen des intermediären Typs. Intermediäre Zellen und solche mit hohem Gehalt an vesikulären Strukturen ("intercalated cells") kennzeichnen Kontaktzonen zwischen der zum Nephron gehörigen Pars contorta des distalen Tubulus und afferenter Gefäßwand, die unabhängig von der Macula densa am Gefäßpol und je nach Verlauf des distalen Tubuluskonvoluts intermittierend in proximalen Abschnitten des Vas afferens vorkommen. Die funktionelle Bedeutung der Macula densa wird im Hinblick auf das Renin-Angiotensin- bzw. Kallikrein-Kinin-System erörtert.

Mit der fluoreszenzhistochemischen Methode werden an Semidünnschnittserien in Kombination mit verschiedenen Färbungen Verteilung und Lokalisation der adrenergen

Nervenfasern analysiert. An Folgeschnitten werden im Elektronenmikroskop identische Fasern dargestellt und die ausschließlich adrenerge Innervation des juxtaglomerulären Apparates der Ratte direkt nachgewiesen. Es kann ein allgemein gültiges Verteilungsmuster adrenerger Axone am Gefäßpol aufgezeigt werden. Das Vas afferens wird von einem dichten Netzwerk fluoreszierender terminaler Axonbündel umgeben. In der Hilusregion ziehen regelhaft zwei Bündel beidseits der Gefäßachse auf der Glomerulusoberfläche zum Vas efferens und bilden um die Arteriole ein feines Geflecht. Vom periarteriolären Plexus zweigen vor allem im afferenten Gefäßabschnitt kleinere Axonbündel und Einzelfasern zu benachbarten gewundenen Abschnitten proximaler und distaler Tubuli, zu peritubulären Blutkapillaren, zu peripheren Zellen der Macula densa und zur Bowmanschen Kapsel. Sie enden meist unter Ausbildung intensiv fluoreszierender Varikositäten an der Basalmembran dieser Strukturen.

Die Differenzierung der Nervenendigungen weicht im Bereich der neuroepithelialen und neuroendothelialen Kontaktzonen nicht von der im neuromuskulären Effektorgebiet ab. Alle Varikositäten enthalten neben Ansammlungen agranulärer Vesikel unterschiedlicher Größenordnung kleine und große Granula mit "dense core". Die Zahl der Neurotubuli bleibt im Faserverlauf zwischen intervarikösen Segmenten und Varikositäten konstant. Mit dem Nachweis echter Axonendkolben an Goormaghtighschen Zellen und Epithelzellen der Pars contorta des distalen Tubulus und ihres hohen Gehaltes an tubulären Profilen des axoplasmatischen Retikulums wird die Frage der Vesikelbildung und der extravesikulären Katecholaminspeicherung erörtert.

In der intermediären und juxtamedullären Rindenzone erstrecken sich Lymphkapillaren bis an den Gefäßpol solcher Glomeruli, die von einer aus der A. interlobularis abgehenden Arteriole gemeinsam versorgt werden. An das Endothel der Lymphkapillaren treten Axonbündel des periarteriolären Plexus heran und bilden neuroendotheliale Kontaktzonen, in denen der geringste Abstand zwischen den Plasmamembranen 200–250 Å beträgt.

Die vorliegenden Untersuchungen weisen darauf hin, daß das sympathische Nervensystem nicht nur direkt Renin- und Kallikreinfreisetzung beeinflußt, sondern möglicherweise auch koordinierend in die Autoregulation und über den Lymphabfluß in die Homoiostase des Einzelnephrons im Bereich des juxtaglomerulären Apparates eingreift.

Literatur

Accinni, L., Natali, P. G., Vassallo, L., Hsu, K. S., De Martino, C.: Immunelectron microscopic evidence of contractile proteins in the cellular and acellular components of mouse kidney glomeruli. Cell Tiss. Res. **162**, 297–312 (1975)

Aoi, W., Henry, D. P., Weinberger, M. H.: Evidence for a physiological role of renal sympathetic nerves in adrenergic stimulation of renin release in the rat. Circulat. Res. **38**, 123–126 (1976)

Ap Gwynn, I., Kemp, R. B., Jones, B. M.: Specific binding of anti-myosin and -actin y-globulins to the surface of trypsin-dissociated embryonic chick cells. Cell Tiss. Res. **171**, 351–358 (1976)

Ap Gwynn, I., Kemp, R. B., Jones, B. M., Gröschel-Stewart, U.: Ultrastructural evidence for myosin of the smooth muscle type at the embryonic chick cells. J. Cell Sci. **15**, 279–289 (1974)

Augustin, H. J., Huland, H., Leichtweiß, H. P.: Der Einfluß von Dopamin auf die renale und intrarenale Hämodynamik. In: Dopamin. Grundlagen und bisherige klinische Erfahrungen vor allem in der Intensivmedizin (Hossli, G., Gattiker, R., Haldemann, G., Hrsg.), S. 34–35. Stuttgart: Thieme 1977

Axelrod, J.: Dopamine-β-hydroxylase: Regulation of its synthesis and release from nerve terminals. Pharmacol. Rev. **24**, 233–243 (1972)

Barajas, L.: Electron microscopic study of the innervation of the juxtaglomerular apparatus. Anat. Rec. **148**, 257–258 abs. (1964a)

Barajas, L.: The innervation of the juxtaglomerular apparatus. An electron microscopic study of the innervation of the glomerular arterioles. Lab. Invest. **13**, 916–929 (1964b)

Barajas, L.: The development and ultrastructure of the juxtaglomerular cell granule. J. Ultrastruct. Res. **15**, 400–413 (1966)

Barajas, L.: Anatomical considerations in the control of renin secretion. In: Control of Renin Secretion, p. 1–16. New York: Plenum Press 1972

Barajas, L., Latta, H.: A three-dimensional study of the juxtaglomerular apparatus in the rat. Light and electron microscopic observations. Lab. Invest. **12**, 257–269 (1963)

Barajas, L., Latta, H.: The development of the juxtaglomerular cell granules. Anat. Rec. **151**, 321 abs. (1965)

Barajas, L., Müller, J.: The innervation of the juxtaglomerular apparatus and surrounding tubules: a quantitative analysis by serial section electron microscopy. J. Ultrastruct. Res. **43**, 107–132 (1973)

Barajas, L., Silverman, A. J., Müller, J.: Ultrastructural localization of acetylcholinesterase in the renal nerves. J. Ultrastruct. Res. **49**, 297–311 (1974)

Barajas, L., Wang, P.: Demonstration of acetylcholinesterase in the adrenergic nerves of the renal glomerular arterioles. J. Ultrastruct. Res. **53**, 244–453 (1975)

Barajas, L., Wang, P., Bennett, C. M., Wilburn, R. L.: The renal sympathetic system and juxtaglomerular cells in experimental renovascular hypertension. Lab. Invest. **35**, 574–587 (1976)

Barajas, L., Wang, P., De Santis, St.: Light and electron microscopic localization of acetylcholinesterase activity in the rat renal nerves. Amer. J. Anat. **147**, 219–234 (1976)

Becker, C. G.: Demonstration of actomyosin in mesangial cells of the renal glomerulus. Amer. J. Path. **66**, 97–110 (1972)

Becker, C. G., Nachman, R. L.: Contractile proteins of endothelial cells, platelets and smooth muscle. Amer. J. Path. **71**, 1–19 (1973)

Bennett, M. V. L.: Function of electrotonic junctions in embryonic and adult tissue. Fed. Proc. **32**, 65–75 (1973)

Bernik, M.: Contractile activity of human glomeruli in culture. Nephron **6**, 1–10 (1969)

Biava, C., West, M.: Lipofuscin-like granules in vascular smooth muscle and juxtaglomerular cells of human kidneys. Amer. J. Path. **47**, 287–313 (1965)

Biava, C., West, M.: Fine structure of normal human juxtaglomerular cells. II. Specific and nonspecific cytoplasmic granules. Amer. J. Path. **49**, 955–979 (1966)

Bisby, M. A., Fillenz, M.: The storage of endogenous noradrenaline in sympathetic nerve terminals. J. Physiol. **215**, 163–179 (1971)

Blose, St. H., Chacko, S.: In vitro behavior of guinea pig arterial and venous endothelial cells. Develop. Growth Diff. **17**, 153–165 (1975)

Böck, P., Gorgas, K.: Fine structure of baroreceptor terminals in the carotid sinus of guinea pigs and mice. Cell Tiss. Res. **170**, 95–112 (1976)

Böck, P., Gorgas, K.: Morphology and histochemistry of helicine arteries in the corpora cavernosa penis of mice. Arch. histol. jap. **40**, 265–281 (1977)

Bohman, S.-O., Maunsbach, A. B.: Effects on tissue fine structure of variations in colloid osmotic pressure of glutaraldehyde fixatives. J. Ultrastruct. Res. **30**, 195–208 (1970)

Boll, H.-U., Forssmann, W. G., Taugner, R.: Studies on the juxtaglomerular apparatus. IV. Freeze-fracturing of membrane surfaces. Cell. Tiss. Res. **161**, 459–469 (1975)

Bucher, O., Kaissling, B.: Morphologie des juxtaglomerulären Apparates. Verh. Anat. Ges. **67**, 109–136 (1973)

Bucher, O., Reale, E.: Zur elektronenmikroskopischen Untersuchung der juxtaglomerulären Spezialeinrichtungen der Niere. II. Über die Macula densa des Mittelstückes. Z. mikr.-anat. Forsch. **67**, 514–528 (1961)

Bulger, R. E., Nagle, R. B.: Ultrastructure of the interstitium in the rabbit kidney. Amer. J. Anat. **136**, 183–204 (1973)

Bunge, M. B.: Fine structure of nerve fibers and growth cones of isolated sympathetic neurons in culture. J. Cell Biol. **56**, 713–735 (1973)

Burnstock, G.: Innervation of vascular smooth muscle: histochemistry and electron microscopy. Clin. exp. Pharmacol. Physiol., Suppl. **2**, 7–20 (1975)

Burnstock, G., Costa, M.: Adrenergic neurons. Their organization, function and development in the peripheral nervous system. London: Chapman und Hall 1975

Burnstock, G., Gannon, B., Iwayama, T.: Sympathetic innervation of vascular smooth muscle in normal and hypertensive animals. Circulat. Res. **27**, Suppl. II, 5–24 (1970)

Burnstock, G., Iwayama, T.: Fine-structural identification of autonomic nerves and their relation to smooth muscle. Progr. Brain Res. **34**, 389–404 (1971)

Chandra, S., Hubbard, J. G., Skelton, F. R., Bernardis, L. L., Kamura, S.: Genesis of juxtaglomerular cell granules. Lab. Invest. **14**, 1835–1842 (1965a)

Chandra, S., Hubbard, J. G., Skelton, F. R., Bernardis, L. L., Kamura, S.: Genesis of juxtaglomerular cell granules. A physiologic, light and electron microscopic study concerning experimental hypertension. Lab. Invest. **14**, 1843–1851 (1965b)

Clark, E. R., Clark, E. L.: Observations on living arterio-venous anastomoses as seen in transparent chambers introduced into the rabbit's ear. Amer. J. Anat. **54**, 229–286 (1934)

Clark, E. R., Clark, E. L., Williams, R. G.: Microscopic observations in the living rabbit of the new growth of nerves and the establishment of nerve controlled contractions of newly formed arterioles. Amer. J. Anat. **55**, 47–78 (1934)

Claude, P., Goudenough, D. A.: Fracture faces of zonulae occludentes from "tight and leaky" epithelia. J. Cell Biol. **58**, 390–400 (1973)

Crayen, M., Thoenes, W.: Architektur und cytologische Charakterisierung des distalen Tubulus der Rattenniere. Fortschr. Zool. **23**, 279–288 (1975)

Dahlström, A.: Axoplasmic transport (with particular respect to adrenergic neurons). Phil. Trans. Roy. Soc. Lond. Ser. B. **261**, 325–358 (1971)

Daneo-Sisto, L., Guglielmone, R.: Ricerche morfologiche e sperimentali sull'innervazione adrenergica del rene. Arch. Anat. Hist. Embr. norm. exp. **54**, 13–42 (1971)

Daneo-Sisto, L., Muti, R.: L'innervazione adrenergica del rene. Boll. Soc. ital. Biol. sper. **45**, 553–555 (1969)

Davis, J. O., Freeman, R. H.: Mechanisms regulating renin release. Physiol. Rev. **56**, 1–56 (1976)

De Bono, E., Mills, I.: Simultaneous increase in kallikrein renal lymph and urine during saline infusion. J. Physiol. **241**, 127–128 (1974)

De Senarclens, C. F., Pricam, C. E., Banichahi, F. D., Vallotton, M. B.: Renin synthesis, storage and release in the rat: A morphological and biochemical study. Kid. Internat. **11**, 161–169 (1977)

Dieterich, H. J.: Interstitium und venöse Strombahn in der Rattenniere. Verh. Anat. Ges. **67**, 37–45 (1973)

Dieterich, H. J.: Electron microscopic studies of the innervation of the rat kidney. Z. Anat. Entw.-Ges. **145**, 169–186 (1974)

Dieterich, H. J., Kriz, W.: Interstitium und Lymphgefäße in der Säugerniere. In: Pyelonephritis III. Experimentelle, immunologische, epidemiologische und klinische Probleme (Losse, H., Kienitz, M., Hrsg.), S. 1–15. Stuttgart: Thieme 1972

Dixon, J. S., Gosling, J. A.: The fine structure of pacemaker cells in the pig renal calices. Anat. Rec. **175**, 139–154 (1973)

Dixon, J. S., Gosling, J. A.: Extravesicular noradrenaline in developing peripheral adrenergic nerves. Experientia **32**, 1052–1053 (1976)

Doležel, S.: Monoaminergic innervations of the arteries and veins of kidney observed using fluorescence reaction. Folia morph. (Warzawa) **14**, 168–174 (1966)

Doležel, S.: Monoaminergic innervation of the kidney. Aorticorenal ganglion–a sympathetic, monominergic ganglion supplying the renal vessels. Experientia (Basel) **23**, 109–111 (1967)

Doležel, S., Edvinsson, L., Owman, Ch., Owman, T.: Fluorescence histochemistry and autoradiography of adrenergic nerves in the renal juxtaglomerular complex of mammals and man, with special regard to the efferent arteriole. Cell Tiss. Res. **169**, 211–220 (1976)

Doležel, S., Owman, Ch., Owman, T., Gerova, M., Konecny, M.: The monoaminergic innervation of the efferent arteriole. Physiol. bohemoslov **19**, 317–318 (1970)

Dunihue, F. W., Boldosser, W. G.: Observations on the similarity of mesangial to juxtaglomerular cells. Lab. Invest. **12**, 1228–1240 (1963)

Eränkö, O.: Light and electron microscopic histochemical evidence of granular and non-granular storage of catecholamines in the sympathetic ganglion of the rat. Histochem. J. **4**, 213–224 (1972)

Faarup, P.: On the morphology of the juxtaglomerular apparatus. Acta anat. (Basel) **60**, 20–38 (1965)

Faarup, P.: Morphological aspects of the renin-angiotensin system. Copenhagen: Bogtrykkeriet Forum 1971

Faarup, P., Nielsen, I., Jensen, G., Clausen, E., Kemp, E.: Renin location in human contracted kidneys. Acta path. microbiol. scand. A **78**, 674–684 (1970)

Falck, B., Owman, Ch.: A detailed methodological description of the fluorescence method for the cellular demonstration of biogenic monoamines. Acta Univ. Lund, Sect. II, Nr. 7, 1–23 (1965)

Forssman, W. G.: Ultrastruktur der Nephrone und Sammelrohre. Verh. Anat. Ges. **67**, 65–87 (1973)

Forssmann, W. G., Taugner, R.: Studies on the juxtaglomerular apparatus. V. The juxtaglomerular apparatus in Tupaia with special reference to intercellular contacts. Cell Tiss. Res. **177**, 291–305 (1977)

Fourman, J.: The adrenergic innervation of the efferent arterioles and the vasa recta in the mammalian kidney. Experientia **26**, 293–294 (1970)

Fourman, J., Moffat, D. B.: The effect of intra-arterial cushions on plasma skimming in small arteries. J. Physiol. (London) **158**, 374–380 (1961)

Fourman, J., Moffat, D. B.: The blood vessels of the kidney. Oxford-Edinburgh: Blackwell 1971

Gabella, G.: Quantitative morphological study of smooth muscle cells of the guinea-pig taenia coli. Cell Tiss. Res. **170**, 161–186 (1976)

Goeckermann, J. A., Vigil, E. L.: Peroxisome development in the metanephric kidney of mouse. J. Histochem. Cytochem. **23**, 957–973 (1975)

Goldberg, L. I.: Cardiovascular and renal action of dopamine: potential clinical applications. Pharmacol. Rev. **24**, 1–29 (1972)

Goldberg, L. I.: Dopamine; the different catecholamine. In: Dopamin (Schröder, R., Hrsg.), S. 1–11. Stuttgart: Schattauer 1975

Gomba, Sz., Bostelman, W., Szokoly, V., Soltész, M. B.: Histochemische Untersuchung der adrenergen Innervation des juxtaglomerulären Apparates. Acta biol. med. germ. **22**, 387–392 (1969)

Goodman, Th. F.: Fine structure of the cells of the Suquet-Hoyer canals. J. Invest. Dermatol. **59**, 363–369 (1972)

Goormaghtigh, N.: Les segments neuro-myo-artériels juxta-glomérulaires du rein. Arch. Biol. (Liége) **43**, 575–591 (1932)

Goormaghtigh, N.: L'appareil neuro-myo-artériel juxta-glomérulaire du rein; Ses réactions en pathologie et ses rapports avec le tube urinifère. Compt. Rend. Soc. Biol. (Paris) **124**, 293–296 (1937)

Goormaghtigh, N., Handovsky, H.: Effect of vitamin D_2 (Calciferol) on the dog. Arch. Path. **26**, 1144–1168 (1938)

Gorgas, K., Böck, P.: Studies on intra-arterial cushions. I. Morphology of the cushions at the origins of intercostal arteries in mice. Anat. Embryol. **148**, 59–72 (1975)

Gorgas, K., Böck, P., Tischendorf, F., Curri, S. B.: The fine structure of human digital arterio-venous anastomoses (Hoyer-Grosser's organ). Anat. Embryol. **150**, 269–289 (1977)

Gosling, J.: Observations on the distribution of the intrarenal nervous tissue. Anat. Rec. **163**, 81–88 (1969)

Graham, R. C., Karnovsky, M. J.: The early stages of absorption of injected horseradish peroxidase in the proximal tubules of mouse kidney: Ultrastructural cytochemistry by a new technique. J. Histochem. Cytochem. **14**, 291–302 (1966)

Griffith, L. D., Bulger, R. E., Trump, B. F.: Fine structure and staining of mucosubstances on "intercalated cells" from the rat distal convoluted tubule and collecting duct. Anat. Rec. **160**, 643–662 (1968)

Gross, F., Schaechtelin, G., Brunner, H., Peters, G.: The role of the renin-angiotensin system in blood pressure regulation and kidney function. Canad. Med. Ass. J. **90**, 258–262 (1964)

Hagege, J., Richet, G.: Dark cells of the distal convoluted tubules and collecting ducts. I. Morphological data. Fortschr. Zool. **23**, 289–298 (1975)

Hammersen, F.: Zur Ultrastruktur der arteriovenösen Anastomosen. In: Die arterio-venösen Anastomosen. Anatomie, Physiologie, Pathophysiologie und Klinik. (Hammersen, F., Gross, D., Hrsg.). Bern-Stuttgart: Huber 1968

Hammersen, F.: Endothelial contractility–an undecided problem in vascular research. Beitr. Path. **157**, 327–348 (1976)

Hammersen, F., Staubesand, J.: Licht- und elektronenmikroskopische Untersuchungen an den sogenannten epitheloiden Gefäßwandzellen. Anat. Anz. (Erg.-H.) **120**, 251–257 (1967)

Harada, K.: A rapid and simplified staining of juxtaglomerular granules with aqueous crystal violet. Microscopica acta **77**, 354–357 (1975)

Hartroft, P. M.: Electron microscopy of nerve endings associated with juxtaglomerular (JG) cells and macula densa. Lab. Invest. **15**, 1127–1128 (1966)

Hartroft, P. M.: The juxtaglomerular complex as an endocrine gland. In: Endocrine Pathology (Bloodworth, J. M. B., ed.), p. 641–677. Baltimore: Williams & Wilkins 1968

Hatt, P. Y.: The juxtaglomerular apparatus. In: Ultrastructure of the Kidney (Dalton, J., Haguenau, F., eds.), p. 101–141. New York: Academic Press 1967

Henningsen, B.: Fluoreszenzhistochemische Untersuchung zum Verhalten der Catecholamine in der Nierenrinde beim experimentellen renalen Hypertonus der Ratte. Z. ges. exp. Med. **150**, 194–198 (1969)

Hökfelt, T.: A modification of the histochemical fluorescence method for the demonstration of catecholamines and 5-hydroxytryptamine, using Araldite as embedding medium. J. Histochem. Cytochem. **13**, 518–520 (1965)

Hökfelt, T.: On the origin of small adrenergic storage vesicles: evidence for local formation in nerve endings after chronic reserpine treatment. Experientia (Basel) **29**, 580–582 (1973)

Hökfelt, T., Dahlström, A.: Effect of two mitosis inhibitors (colchicine and vinblastine) on the distribution and axonal transport of noradrenaline storage particles, studied by fluorescence and electron microscopy. Z. Zellforsch. **119**, 460–482 (1971)

Holtzman, E., Teichberg, S., Abrahams, S. J., Citkowitz, E., Crain, S. M., Kawai, N., Peterson, E. R.: Notes on synaptic vesicles and related structures, endoplasmic reticulum, lysosomes and peroxisomes in nervous tissue and the adrenal medulla. J. Histochem. Cytochem. **21**, 349–385 (1973)

Hosie, K. F., Brown, J. J., Harper, A. M., Lever, A. F., Macadam, R. F., McGregor, I., Robertson, J. I. S.: The release of renin into the renal circulation of the anaesthetized dog. Clin. Sci. **38**, 157–174 (1970)

Hüttner, I., Boutelet, M., Moore, R. H.: Gap junctions in arterial endothelium. J. Cell Biol. **57**, 247–252 (1973)

Huth, F.: Beiträge zur Orthologie und Pathologie der Lymphgefäße der Nieren. Beitr. path. Anat. **136**, 341–412 (1968)

Iversen, L. L.: Role of transmitter uptake mechanisms in synaptic neurotransmission. Brit. J. Pharmacol. **41**, 571–591 (1971)

Knoche, H.: Über die feinere Innervation der Niere. I. Mitteilung. Z. Anat. Entw.-Ges. **115**, 97–114 (1950)

Knoche, H.: Über die feinere Innervation der Niere des Menschen. II. Mitteilung. Z. Zellforsch. **36**, 448–475 (1951)

Kobayashi, S., Sasagawa, T.: Morphological aspects of the secretion of gastro-enteric hormones. In: Endocrine gut and pancreas (Fujita, T., ed.), p. 255–271. Amsterdam: Elsevier 1976

Kriz, W.: Die Lymphbahnen der Säugeniere. Anat. Anz. Suppl. **125**, 25–32 (1969)

Kriz, W., Barrett, J. M., Peter, St.: The renal vasculature: Anatomical-functional aspects. Int. Rev. Physiol. **11**, 1–21 (1976)

Kriz, W., Dieterich, H. J.: Das Lymphgefäßsystem der Niere bei einigen Säugetieren. Licht- und elektronenmikroskopische Untersuchungen. Z. Anat. Entw.-Ges. **131**, 111–147 (1970)

Kriz, W., Taugner, R.: Speculations on the functional significance of the Goormaghtigh cells. Kid. Internat. **11**, 217 abs. (1977)

Kühn, K., Reale, E.: Junctional complexes of the tubular cells in the human kidney as revealed with freeze-fracture. Cell Tiss. Res. **160**, 193–205 (1975a)

Kühn, K., Reale, E.: The fine structure of the glomeruli as revealed by freeze-fracturing. Contr. Nephrol. **1**, 80–85 (1975b)

Kühn, K., Reale, E., Wermbter, G.: The glomeruli of the human and the rat kidney studied by freeze-fracturing. Cell Tiss. Res. **160**, 177–191 (1975)

Kühn, K., Sterzel, R. B., Stolte, H., Reale, E.: Mesangial cells in different vertebrate kidneys–a thin-section and freeze-feature study. Contr. Nephrol. **2**, 9–16 (1976)

Lauweryns, J. M., Baert, J., De Loecker, W.: Intracytoplasmic filaments in pulmonary lymphatic endothelial cells. Fine structure and reaction after heavy meromyosin incubation. Cell. Tiss. Res. **163**, 111–124 (1975)

Lauweryns, J. M., Baert, J., De Loecker, W.: Fine filaments in lymphatic endothelial cells. J. Cell Biol. **68**, 163–167 (1976)

Leak, L. V.: Electron microscopic observations on lymphatic capillaries and the structural components of the connective tissue-lymph interface. Microvasc. Res. **2**, 361–391 (1970)

Leak, L. V., Burke, J. F.: Ultrastructural studies on the lymphatic anchoring filaments. J. Cell Biol. **36**, 129–149 (1968)

Léránth, C., Ungváry, G., Donáth, T.: The innervation of the juxtaglomerular apparatus. Acta Morph. Acad. Sci. Hung. **17**, 131–141 (1969)

Levene, C., Feng, P.: Critical staining of pancreatic alpha granules with phosphotungstic acid hematoxylin. Stain Technol. **39**, 39–44 (1964)

Like, A. A.: The uptake of exogeneous peroxidase by the beta cells of the islets of Langerhans. Amer. J. Path. **59**, 225–246 (1970)

Ljungqvist, A.: Sympathetic innervation of the juxtaglomerular cells of the kidney. Proc. 4th int. Congr. Nephrol., Stockholm 1969, vol. 2, p. 14–18. Basel-München-New York: Karger 1970

Ljungqvist, A., Ungerstedt, U.: Sympathetic innervation of the juxtaglomerular cells of the kidney in rats with renal hypertension. Acta path. microbiol. scand., Sec. A **80**, 38–46 (1972)

Ljungqvist, A., Wågermark, J.: The adrenergic innervation of intrarenal glomerular and extraglomerular circulatory routes. Nephron 7, 218–229 (1970)

Machado, A. B. M.: Electron microscopy of developing sympathetic fibres in the rat pineal body. The formation of granular vesicles. Progr. Brain Res. **34**, 171–185 (1971)

Maillet, M.: Innervation sympathique du rein: son rôle trophique. Acta neuroveg. (Wien) **20**, 155–180 (1960)

McKenna, O. C., Angelakos, E. T.: Adrenergic innervation of the canine kidney. Circulat. Res. **22**, 345–354 (1968)

McKenna, O. C., Angelakos, E.: Acetylcholinesterase-containing nerve fibers in the canine kidney. Circulat. Res. **23**, 645–651 (1968)

McManus, J. F. A.: The juxtaglomerular complex. Lancet **1942 II**, 394–396

McNutt, N. S., Weinstein, R. S.: Membrane ultrastructure at mammalian intercellular junctions. Progr. Biophys. Mol. Biol. **46**, 47–102 (1973)

Menschik, Z., Dovi, S. F.: Normally occurring intraluminal projections in the arterial system of the mouse. Anat. Rec. **153**, 265–274 (1965)

Meyer, D.: Morphometrische Untersuchungen an juxtaglomerulärem Apparat und Macula densa menschlicher Nieren bei verschiedenen Erkrankungen. Morphol. Path. **90**, 1–83 (1972)

Mitchell, G. A. G.: The renal nerves. Brit. J. Urol. **22**, 269–279 (1950)

Mitchell, G. A. G.: The intrinsic renal nerves. Acta anat. **13**, 1–15 (1951)

Moffat, D. B.: Morphological studies and renal medullary function. Proc. 4th int. Congr. Nephrol., Stockholm 1969, vol. 1, p. 145–148. Basel-München-New York: Karger 1970

Moffat, D. B., Creasey, M.: The fine structure of the intraarterial cushions at the origins of the juxtamedullary afferent arterioles in the rat kidney. J. Anat. (London) **110**, 409–419 (1971)

Movat, H. Z.: Silver impregnation methods for electron microscopy. Amer. J. clin. Path. **35**, 528–537 (1961)

Morgan, T., Davis, J. M.: Renin secretion at the individual nephron level. Pflügers Arch. ges. Physiol. **359**, 23–31 (1975)

Müller, J., Barajas, L.: Electron microscopic and histochemical evidence for a tubular innervation in the renal cortex of the monkey. J. Ultrastruct. Res. **41**, 533–549 (1972)

Munkacsi, I.: Distribution of the intrarenal monoaminergic nerves in the kidneys of the desert rat (Dipodomys merriami) and the white rat (Rattus norvegicus). Acta anat. **73**, 56–68 (1969)

Munkacsi, I., Newstead, J.: Sympathetic innervation of the renal postglomerular vessels in the white rat and desert rat. Anat. Rec. **163**, 233–234 (1969)

Murakami, T., Miyoshi, M., Fujita, T.: Glomerular vessels of the rat kidney with special reference to double efferent arterioles. A scanning electron microscope study of corrosion casts. Arch. histol. jap. **33**, 179–198 (1971)

Nagasawa, J., Douglas, W. W.: Thorium dioxide uptake into adrenal medullary cells and the problem of recapture of granule membrane following exocytosis. Brain Res. **37**, 141–145 (1972)

Newstead, J. D.: Filaments in renal parenchymal and interstitial cells. J. Ultrastruct. Res. **34**, 316–328 (1971)

Nilsson, O.: The adrenergic innervation of the kidney. Lab. Invest. **14**, 1392–1395 (1965)

Nordquist, R. E., Bell, R. D., Sinclair, R. J., Keyl, M. J.: The distribution and ultrastructural morphology of lymphatic vessels in the canine renal cortex. Lymphology **6**, 13–19 (1973)

Norvell, J. E.: A histochemical study of the adrenergic and cholinergic innervation of the mammalian kidney. Anat. Rec. **163**, 236 abs. (1969)

Novikoff, P. M., Novikoff, A. B., Quintana, N., Davis, C.: Studies on microperoxisomes. III. Observations on human and rat hepatocytes. J. Histochem. Cytochem. **21**, 540–558 (1973)

Okkels, H.: La zone angiotrope du segment III du tube urinaire des mammifères. Observations cytologiques de la région dénommée „macula densa" de l'appareil urinaire. Bull. Histol. Physiol. Path. **27**, 145–148 (1950)

Ørstavik, T. B., Nustad, K., Brandtzaeg, P., Pierce, J. V.: Cellular origin of urinary kallikreins. J. Histochem. Cytochem. **24**, 1037–1039 (1976)

Paget, G. E.: Aldehyde-thionin: a stain having similar properties to aldehyde-fuchsin. Stain Techn. **34**, 223–226 (1959)

Painter, R. G., Sheetz, M., Singer, S. J.: Detection and ultrastructural localization of human smooth muscle myosin-like molecules in human non-muscle cells by specific antibodies. Proc. nat. Acad. Sci. (Wash.) **72**, 1359–1363 (1975)

Pearse, A. G. E.: Histochemistry. Theoretical and Applied. 2nd ed. London: Churchill 1961

Pelegrino de Iraldi, D., De Robertis, E.: The neurotubular system of the axon and the origin of granulated and non-granulated vesicles in regenerating nerves. Z. Zellforsch. **87**, 330–344 (1968)

Pelegrino de Iraldi, A., De Robertis, E.: Studies on the origin of the granulated and non-granulated vesicles. In: New Aspects of Storage and Release Mechanisms of Catecholamines (Schümann, H., Kroneberg, G., eds.), p. 4–19, Berlin-Heidelberg-New York: Springer 1970

Peter, St.: Ultrastructural studies on the secretory process in the epitheloid cells of the juxtaglomerular apparatus. Cell Tiss. Res. **168**, 45–53 (1976)

Peter, St., Lazar, J., Gross, F.: Untersuchungen der juxtaglomerulären Zellen bei adrenalektomierten Ratten. Verh. Anat. Ges. **67**, 161–167 (1973)

Peter, St., Lazar, J., Gross, F., Forssmann, W. G.: Studies on the juxtaglomerular apparatus: II. Quantitative morphology after adrenalectomy. Cell Tiss. Res. **151**, 457–460 (1974)

Pricam, C., Humbert, F., Perrelet, A., Orci, L.: Gap junctions in mesangial and lacis cells. J. Cell Biol. **63**, 349–354 (1974)

Rhodin, J. A. G.: Fine structure of the peritubular capillaries of the human kidney. In: Progress in Pyelonephritis (Kass, E. H., ed.), p. 391–397. Philadelphia: Davis 1965

Rhodin, J. A. G.: The ultrastructure of mammalian arterioles and precapillary sphincters. J. Ultrastruct. Res. **18**, 181–223 (1968)

Richards, J. G., Tranzer, J. P.: Localization of amine storage sites in the adrenergic cell body. J. Ultrastruct. Res. **53**, 204–216 (1975)

Richardson, J. B., Beaulnes, A.: The cellular site of action of angiotensin. J. Cell Biol. **51**, 419–432 (1971)

Richardson, K. C.: The fine structure of autonomic nerve endings in smooth muscle of the rat vas deferens. J. Anat. **96**, 407–442 (1962)

Richardson, K. C., Jarett, L., Finke, E. H.: Embedding in epoxy resins for ultrathin sectioning in electron microscopy. Stain Technol. **35**, 313–325 (1960)

Robertson, J. M.: Observations on the innervation of the feline kidney: A histochemical and ultrastructural study. Anat. Rec. **178**, 449 abs. (1974)

Rogers, D. C., Burnstock, G.: Multiaxonal autonomic junctions in intestinal smooth muscle of the toad (Bufo marinus) J. comp. Neurol. **126**, 625–652 (1966)

Rojo-Ortega, J. M., Hatt, P. Y., Genest, J.: A propos de l'innervation des cellules juxtaglomérulaires: étude au microscope électronique dans diverses conditions expérimentales chez le rat. Path. Biol. **16**, 497–504 (1968)

Rojo-Ortega, J. M., Yeghiayan, E., Genest, J.: Lymphatic capillaries in the renal cortex of the rat. Lab. Invest. **29**, 336–341 (1973)

Romen, W., Thoenes, W.: Histiocytäre und fibrocytäre Eigenschaften der interstitiellen Zellen der Nierenrinde. Virchows Arch. Abt. B Zellpath. **5**, 365–375 (1970)

Rostgaard, J., Kristensen, B. I., Nielsen, L. E.: Electron microscopy of filaments in the basal part of rat kidney tubule cells and their in situ interaction with heavy meromyosin. Z. Zellforsch. **132**, 497–521 (1972)

Rouiller, C., Orci, L.: The structure of the juxtaglomerular complex. In: The Kidney (Rouiller, C., Muller, A., eds.), vol. 4, p. 1–80. New York: Academic Press 1971

Ruyter, J. H. C.: Über einen merkwürdigen Abschnitt der Vasa afferentia in der Mäuseniere. Z. Zellforsch. **2**, 242–248 (1925)

Ryser, M. A., Webber, W. A.: Cell junctions in Bowman's capsule in developing rat and human kidney. Cell Tiss. Res. **150**, 399–407 (1974)

Schwalew, W. N.: Innervation des Nephron. Z. mikr.-anat. Forsch. **70**, 517–531 (1963)

Silverman, A.-J., Barajas, L.: Effect of reserpin on the juxtaglomerular granular cells and renal nerves. Lab. Invest. **30**, 723–731 (1974)

Simpson, F. O.: Crystalline structure of juxtaglomerular granules, as shown by electron microscopy. Proc. Otago Univ. Med. School **41**, 15 (1963)

Singh, I.: A modification of the Masson-Hamperl method for staining of argentaffin cells. Anat. Anz. **115**, 81–82 (1964)

Skeggs, L. T., Dorer, F. E., Kahn, J. R., Lentz, K. E., Levine, M.: The biological production of angiotension. In: Angiotensin, Handbuch der experimentellen Pharmokologie (Page, I. H., Bumpus, F. M., eds.), vol. 37, p. 1–16. Berlin-Heidelberg-New York: Springer 1974

Snider, S. R., Almgren, O., Carlsson, A.: The occurrence and functional significance of dopamine in some peripheral adrenergic nerves of the rat. Naunyn Schmiedebergs. Arch. Pharmak. exp. Path. **278**, 1–12 (1973)

Somlyo, A. P., Somlyo, A. V.: Vascular smooth muscle. I. Normal structure, pathology, biochemistry and biophysics. Pharmacol. Rev. **20**, 197–272 (1968)

Stjärne, L., Brundin, J.: Affinity of noradrenaline and dopamine for neural α-receptors mediating negative feedback control of noradrenaline secretion in human vasoconstrictor nerves. Acta physiol. scand. **95**, 89–94 (1975)

Taggart, N. E., Rapp, J. P.: The distribution of valves in rat kidney arteries. Anat. Rec. **165**, 37–39 (1969)

Taugner, R., Boll, U., Zahn, P., Forssmann, W. G.: Cell junctions in the epithelium of Bowman's capsule. Cell Tiss. Res. **172**, 431–446 (1976)

Thurau, K., Schnermann, J.: Die Natriumkonzentration an den Macula-densa-Zellen als regulierender Faktor für das Glomerulusfiltrat. Klin. Wschr. **43**, 410–413 (1965)

Thurau, K., Schnermann, J., Nagerl, W., Horster, M., Wahl, M.: Composition of tubular fluid in the macula densa segment as a factor regulating the function of the juxtaglomerular apparatus. Circulat. Res. **21** (Suppl. II), 11–79 (1967)

Tobian, L.: Physiology of the juxtaglomerular cells. Ann. intern. Med. **52**, 395–410 (1960)

Tobian, L.: Renin release and its role in renal function and the control of salt balance and arterial pressure. Fed. Proc. **26**, 48–54 (1967)

Tranzer, J. P.: A new amine storing compartment in adrenergic axons. Nature: New Biol. **237**, 57–58 (1972)

Trenchev, P., Dorling, J., Webb, J., Holborow, E. J.: Localization of smooth muscle-like contractile proteins in kidney bei immunoelectron microscopy. J. Anat. **121**, 85–95 (1976)

Wagermark, J., Ungerstedt, U., Ljungqvist, A.: Sympathetic innervation of the juxtaglomerular cells of the kidney. Circulat. Res. **22**, 149–153 (1968)

Weitsen, H. A., Norvell, J. E.: Cholinergic innervation of the autotransplanted canine kidney. Circulat. Res. **25**, 535–541 (1969)

Willingham, M. C., Ostlund, R. E., Pastan, I.: Myosin is a component of the cell surface of cultured cells. Proc. nat. Acad. Sci. (Wash.) **71**, 4144–4148 (1974)

Wilson, W.: A new staining method for demonstrating the granules of the juxtaglomerular complex. Anat. Rec. **112**, 497–507 (1952)

Zimmermann, H.-D.: The juxtaglomerular apparatus in the early fetal period. Acta endocr. (Kbh.), Suppl. **152**, 62 abs. (1971)

Zimmermann, H.-D.: Elektronenmikroskopische Befunde zur Innervation des Nephron nach Untersuchungen an der fetalen Nachniere des Menschen. Z. Zellforsch. **129**, 65–75 (1972)

Zimmermann, H.-D., Boseck, S.: Myofilamentäre Strukturen in Glomerulus- und Tubulusepithelien in der frühfetalen Nachniere des Menschen. Virchows Arch. Abt. A Path. Anat. **357**, 53–66 (1972)

Zimmermann, K. W.: Über den Bau des Glomerulus der Säugeniere. Z. mikr.-anat. Forsch. **32**, 176–278 (1933)

Zussmann, W. V.: Renal catecholamine stores following experimental hypertension in the rat. Angiology **18**, 741–751 (1967)

Sachverzeichnis